微处理器体系结构专利技术研究方法

第一辑：x86指令集总述

徐步陆　编著

科学出版社
北　京

内 容 简 介

微处理器是集成电路之巅。目前事务处理型微处理器仍主要采用 x86 体系结构。但其可公开获取的研究资料很少，真实产品设计细节更是秘而不宣。本书以研究专利中的公开技术作为 x86 体系结构研究的新方法。

按照“指令集结构—微结构—物理实现”层级，沿着数据类型从标量—矢量—矩阵进程脉络，本书按照 x86 通用指令集、浮点指令集、安全保护类指令集、虚拟化指令集、微指令、指令集扩展等模块分类，从上万条 Intel 专利中挖掘出 x86 指令专利，按照技术背景、遇到的问题、解决思路、实现方法与技术采纳，对其进行梳理分析、提炼成章。

本书基本摸清和完成了 x86 体系结构各阶段设计的原始思想和技术实现选择的规律探索，对学术界、工业界的研究人员探索 x86 微处理器都有难得的价值。

图书在版编目（CIP）数据

微处理器体系结构专利技术研究方法. 第一辑，x86 指令集总述 / 徐步陆编著. —北京：科学出版社，2023.5

ISBN 978-7-03-075580-3

Ⅰ. ①微… Ⅱ. ①徐… Ⅲ. ①微处理器－结构体系－专利技术－研究方法 Ⅳ. ①TP332

中国国家版本馆 CIP 数据核字（2023）第 090045 号

责任编辑：赵艳春　董素芹 / 责任校对：崔向琳
责任印制：吴兆东 / 封面设计：蓝　正

科学出版社 出版
北京东黄城根北街 16 号
邮政编码：100717
http://www.sciencep.com

北京中石油彩色印刷有限责任公司印刷
科学出版社发行　各地新华书店经销

*

2023 年 5 月第　一　版　开本：720 × 1000　1/16
2023 年 5 月第一次印刷　印张：11 1/2
字数：232 000

定价：88.00 元

（如有印装质量问题，我社负责调换）

前　言

时代呼唤支持时代发展的科学技术。微处理器芯片恰恰是我们这个伟大民族创造新时代急切需要迈过的一个技术独木桥和产业门槛。

本书不是微处理器体系结构的教科书，也没有探讨微处理器芯片的新技术突破方向；本书不是产业发展报告，也没有统计分析与比较微处理器的市场趋势、产品优劣和厂家策略；本书不是专利白皮书，也没有统计专利数量和绘制专利地图。

本书是一把思想的钥匙。本书以 x86 体系结构实现为研究目标，以专利文献囊括的技术为研究对象，把微处理器体系结构、计算机系统结构按照“指令集结构—微结构—物理实现”分层，采用微处理器体系结构专利技术研究方法，通过逐一检阅专利记载的各种微处理器设计路径，探索其中萌发的原始思想和技术实现的方法，找到 x86 体系结构的设计发展脉络与演进规律，为致力于探索微处理器的设计开发者、科研院所的研究人员和工业界专业人士，打开当前世界上最大的已公开但罕有人系统考究的微处理器知识仓库。

本书是系列丛书，首先推出三册，即《微处理器体系结构专利技术研究方法 第一辑：x86 指令集总述》《微处理器体系结构专利技术研究方法 第二辑：x86 多媒体指令集》《微处理器体系结构专利技术研究方法 第三辑：x86 指令实现专利技术》。

本书是上海硅知识产权交易中心十多年来的工作成果，研究也得到了复旦大学、同济大学、清华大学、浙江大学、上海交通大学、中山大学、北京大学等微处理器研发团队成员的协助。本书自 2014 年起得到上海市软件和集成电路产业发展专项的多次资助，成果也服务了国家科技重大专项“核心电子器件、高端通用芯片及基础软件产品”中 x86 微处理器的研发与产业化。

作　者

2022 年 10 月 11 日

目　录

第1章 概 述

1.1 研究背景

目前，微处理器比以往更加密不可分地出现在我们身边：在打电话、看电视时，驾驶汽车、乘坐地铁和飞机时，电子支付、生物识别时，体检X射线成像、锻炼计数时，远程网课、网购时，查收天气预报、观看火箭发射时……数得清和数不清的微处理器芯片和它们提供的计算，随时随地影响和改变着人们的学习与生活。简要回顾一下现代计算机和微处理器的发展历史，有助于对本书思想的理解。1946 年世界上第一台电子数字式计算机——电子数值积分计算机（the electronic numberical integrator and computer，ENIAC）在美国宾夕法尼亚大学投入运行。之后，约翰·冯·诺依曼进一步提出二进制运算、存、算与输入输出等相对分离方面的体系结构改进，“取指—译码—执行—回写”顺序执行等主要思想带来的影响一直持续到今天。硬件方面，20 世纪 50 年代，基于半导体的晶体管替代了机械真空管。1959 年罗伯特·诺伊斯（Robert Noyce）获得第一个单片集成电路专利 US19590830507。1968 年全称是 Integrated Electronics 的 Intel（英特尔）公司成立，开始生产集成电路。1971 年英特尔瞄准计算器市场，推出拥有 2300 个晶体管、740kHz 主频的 4004 可编程微处理器，使工程师可以购买微处理器后，通过软件开发实现不同的系统功能。1972 年英特尔推出的 8 位微处理器 8008 和 1974 年英特尔推出的后继产品 8080，成为世界上应用广泛的微处理器。之后英特尔于 1978 年推出的 16 位 8086 微处理器更是开天辟地，其采用 x86 指令体系，成为现代中央处理器（central processing unit，CPU）的设计基础并沿用至今。现在，新款的 x86 芯片的晶体管数量相当于上千万块 4004 的晶体管之和，但芯片面积相差无几。

计算机体系结构要研究的是在设定的软件要求和指定工艺条件下，设计系统性能更好的计算机。计算机组成中，微处理器的重要性毋庸置疑，因此计算机体系结构中最主要的就是研究微处理器体系结构。这里的微处理器，就是指中央处理器。在绝大多数场合，计算机体系结构与微处理器体系结构可以视为等同的概念范畴。由于软、硬件发展在时空上不是那么配合，因此历史上计算机体系结构在 20 世纪五六十年代关心的是加、减、乘、除等数学计算实现，七八十年代则是在重点研究指令集，90 年代以后片上系统开始出现并成为新的研究目标。设计

CPU 归根结底就是构建多个专用元件，并连接起来实现复杂的计算。而强大的计算抽象能力使一个系统架构软件工程师就能够操控百万量级或更多的晶体管。类似“夫无形者，物之太祖”，计算机体系结构离不开计算抽象层概念。它通过层层抽象，构建起“硅原子层—晶体管层—逻辑门（电路）—功能块单元—执行单元—微架构—指令集架构”的庞大工程。工程师可以由下而上搭建微处理器计算架构，而倒过来由上而下则几乎不可能可视化。

指令集架构（instruction set architecture，ISA）是计算机的语言，即计算机的抽象模型，有时也称为计算机架构或架构，它用一组指令定义了哪些类型的操作可以用硬件执行，它描述了内存模型、数据类型、寄存器和机器代码行为，搭建了软件与硬件之间的桥梁。在软件方面，编译器使用 ISA 将用 C 语言、Java 等高级语言编写的程序代码翻译成机器指令代码。而通过指令集扩展，可以增加更多的指令、数据类型以满足新的更高效的运算操作，并利用微架构的新处理单元。指令通常由一个操作码和若干操作数、数据位等组成，新的指令扩展可为特定排列的处理单元简化操作、提升 CPU 性能。现代 CPU 支持数百甚至上千条指令，多数仍是加、减、乘等数学运算，与、或、非等逻辑运算，加载、存储、移动等内存操作以及分支等流程控制。

早期，每一代计算机都有一代对应的指令集，相当于专用机，上面的应用程序难以迁移。为了保证已开发的软件一直可用，“向后兼容”策略显然实现了软件价值的最大化，因此作为计算机软硬件接口的指令集更需要保持稳定规范、扩展有度。现在只有极少数的指令集为工业界被长期广泛支持，这使从头开始设计一个新的指令集几乎成为不可能的任务（mission impossible）。x86 架构是 CPU 执行的计算机语言指令集，为英特尔通用计算机系列的标准编号缩写，也标识了一套通用的计算机指令集合。虽然由于计算对象不同和资源限制，x86 和其他所有微处理器一样有某些不足，但其丰富的软件环境、强大的计算性能、稳定的市场占有率和优秀的品牌价值，仍然使 x86 成为当前世界范围内无论桌面个人计算机（personal computer，PC）还是云计算服务器等场景下，最不可或缺的微处理器，年均出货量维持在数亿台。历史上，英特尔、超微（AMD）、威盛（VIA）、IBM 等十余家公司都曾有支持 x86 架构的处理器产品或知识产权授权。

历史上，架构工程师和学者在微处理器架构方面，特别是指令体系、流水线、存储层次等方面不断寻求设计突破，其间由于理论方法、实现路径、硬件局限等，考虑过种种奇思妙想和各种可行性，当然，多数在实际 CPU 产品中得到了实现。这些知识财富见诸文献记录的，除了论文、手册外，最精华也最有代表性的就是专利申请文本。因为专利申请要求“新颖性”“创造性”“实用性”，而且专利“公开换保护”合法地创造了阶段性垄断，专利续案、专利组合等专利技巧又能完整地保护一套技术方案、路线。微处理器（集成电路）产业具有高投入、高风险、高回报、知识密集的特性，因此微处理器企业顾及商业利益，会更好、更有章法地利用《中华人民共和国专利法》，完整、有效地进行专利布局和申请。微处理器企业通过技术专利，获取了对自己产品的知识产权保护和对竞争对手的卡位遏制。而我们第三方则可以通过分析、研究历史上微处理器技术专利的来龙去脉，窥探当时的技术思路、解决方案，并对照实际产品性能、设计目标以及工艺支撑等相关数据，判断对应方法的科学完备性、技术实现难度，从而通过公开渠道获取国际主流微处理器技术成功和失败的秘密，达到“他山之石，可以攻玉”的效果。

1.2 研究方法

CPU 设计的实质就是将一个计算机体系结构，抽象映射成逻辑电路，并用一定的微电子工艺加以物理实现，即完成“指令集结构（微处理器体系结构、计算机系统结构）—微结构—物理实现”的过程。本书则是开创性地利用专利文本、指令集和产品数据手册，通过全面研究与分析历史上人们在微处理器体系结构中的各种有意识和无意识的技术可行性探索，对上述过程进行深层剖析，形成“技术—专利—产品”数据立方，它实际上已经成为一本《指令集技术实现数据手册》，描述了 x86 架构微处理器设计与实现大全，启迪和引导后来者更上一层楼。英特尔是 x86 架构的原创者、集大成者，也是领导者，因此选取英特尔 x86 专利进行研究是最为合适的。

本书分析的专利是 2014 年 5 月 31 日前申请的，专利权人是英特尔（包含原始、中间和现在）的美国专利（含申请和授权）和中国发明专利（含公开和授权公告）。本书中覆盖检索范围内人工筛选出的指令集架构相关技术的美国专利分析，重点分析指令格式的相关专利，另有一部分专利涉及逻辑实现，如某类特定指令实现。专利检索工具采用 Questel 公司的 Orbit 系统的专利家族库，专利有效性（含失效时间）也来自该系统，仅供参考。

本书参照《英特尔®64 和 IA-32 架构软件开发人员手册》（订单号：325462-061US，以下简称《手册》），根据英特尔 x86 指令集的数据类型和应用，大致将 x86 各个指令集分成以下六类，并按照此分类分别进行系统的技术专利分析。

1. 通用类指令集

通用类指令集包括通用指令集、英特尔 32 位体系结构扩展模式（Intel architecture-32 extension mode，IA-32e 模式）指令集、通用增强指令集——位操控指令集（bit manipulation instruction，BMI）和系统指令。

英特尔通用类指令采用指令集层面专利保护的数量并不是很多，特别是一些比较早期的通用指令。另外，数学运算和逻辑运算指令主要通过逻辑实现或电路层面的专利进行保护。本节相关专利涉及数据传输指令（data transfer instruction）、二进制计算指令（binary arithmetic instruction）、位和字节指令（bit and byte instruction）、控制传输指令（control transfer instruction）、字符串指令（string instruction）、杂项指令（miscellaneous instruction）（如 CPUID（CPU identification，CPU 标识）指令）、用户模式扩展状态保存和恢复、循环冗余校验（cyclic redundancy check，CRC）和通用指令集增强 BMI 等。相关技术专利分析见第 2 章①。

2. x87 浮点类指令集

x87 浮点类指令集包括 x87 浮点指令集、x87 浮点运算和单指令多数据状态管理指令集。浮点类指令包括数据交互、数据舍入、控制等指令。在英特尔处理器中，浮点数运算单元（也称数字协处理器）一开始应用不广泛并且成本高，是在独立的协处理器芯片中存在的，称为 x87 协处理器。逐渐地，随着 CPU 应用领域的扩展和芯片集成度的提高，英特尔从 486 处理器开始，将浮点数运算单元和 CPU 整合到了同一个芯片上（浮点加速器），之后设计 CPU 时，既需要考虑兼容以前的程序，又需要考虑加快执行速度。

相关专利主要保护浮点数和整数之间的搬移及转换、浮点数的舍入操作、浮点安全指令识别模块和同步相关指令执行逻辑等几个方面。相关技术专利分析见第 3 章②。

3. 多媒体类指令集

多媒体类指令集包括六代单指令多数据（single instruction multiple data，SIMD）指令集——多媒体扩展（multi media extensions，MMX）、流式传输 SIMD 扩展（streaming SIMD extensions，SSE）、流式传输 SIMD 扩展 2（streaming SIMD extensions 2，SSE2）、流式传输 SIMD 扩展 3（streaming SIMD extensions 3，SSE3）、补充流式传输 SIMD 扩展 3（supplemental streaming SIMD extensions 3，SSSE3）、流式传输 SIMD 扩展 4（streaming SIMD extensions 4，SSE4），还有高级矢量扩展（advanced vector extensions，AVX）、高级矢量扩展 2（advanced vector extensions 2，AVX2）和高级矢量扩展 512（advanced vector extensions 512，AVX-512）、融合乘

① IA-32e 模式指令集和 F16C 被 AMD 最先引入 AMD x86 架构处理器中，英特尔随后支持该指令集。未检索到相关指令集的英特尔专利，因此本书不包含该部分指令集的相关技术专利分析。

② 在本书检索时间内，未发现 x87 FPU 和 SIMD 状态管理、FMA 扩展、MPX 和 SGX 指令集相关专利，因此本书不包含以上指令集相关技术专利分析。

加（fused-multiply-add，FMA）扩展以及 16 位浮点转换（half-precision floating-point conversion，F16C）指令集。

相关专利覆盖不同位宽复合整型数据、复合单精度和双精度浮点数据及存储间或相互间的传输（move）、打包和拆开（pack 和 unpack）、算术运算（arithmetic）、比较（comparison）、逻辑运算（logical）、移位（shift）、循环（rotate）、混洗（shuffle）、互相转换（conversion）、绝对差值求和（sum of absolute differences）、插入和提取（insert/extract）、求最大值和最小值（maximum/minimum）、水平加减（horizontal add/subtract）、加载/移动和复制（load/move and duplicate）、线程同步（monitor and monitor wait）、高位乘（multiply high）、求点积（dot product）、求绝对值（absolute）、舍入（rounding）以及各类带掩码的操作等。其中也有相当多的专利技术在手册中没有对应的 SIMD 或矢量指令。相关技术专利分析见《微处理器体系结构专利技术研究方法 第二辑：x86 多媒体指令集》。

4. 安全保护类指令集

安全保护类指令集包括英特尔高级加密标准新指令集（advanced encryption standard new instructions，AESNI）和 PCLMULQDQ（perform carryless multiplication of two 64-bit numbers，执行两个 64 位数的无进位乘法）指令集、安全散列算法（secure hash algorithm，SHA）、安全模式扩展（safer mode extensions，SMX）、存储保护扩展（memory protection extensions，MPX）和软件保护扩展（software guard extensions，SGX）等指令集。

相关专利涉及用于执行 AES 加解密中一轮操作的轮指令；用于生成轮密钥的轮密钥生成指令；用 PCLMULQDQ 指令加速伽罗瓦计数器模式（Galois counter mode，GCM）认证模式计算；安全模式扩展中的隔离模式和安全环境初始化指令；安全散列算法 SHA-1、SHA-256 和 SHA-3 的轮操作指令和部分消息调度的指令与逻辑实现。相关技术专利分析见第 4 章。

5. 虚拟化技术指令集

虚拟化技术指令集包括虚拟机扩展（virtual machine extensions，VMX）指令集。相关技术专利分析见第 5 章。

6. 线程类指令集

线程类指令集包括事务性同步扩展（transactional synchronization extensions，TSX）指令集等。由于未检索到 TSX 指令集的相关专利，本书仅包含一个《手册》中未包含的指定应用线程性能状态指令的技术专利分析。相关技术专利分析见 2.9

节。更多线程类操作主要采用逻辑实现类专利保护，见《微处理器体系结构专利技术研究方法 第三辑：x86 指令实现专利技术》。

以上是根据《手册》整理的指令集以及相关技术专利分析。英特尔处理器为了实现复杂指令系统计算机（complex instruction set computer，CISC）和精简指令系统计算机（reduced instruction-set computer，RISC）指令之间的兼容，在处理器内对宏指令进行一定的转换，重新生成一些微指令（或微操作）在处理器内部执行。《手册》中公布宏指令相关的专利中涉及微指令（或微操作）的已经在相关章节的技术专利分析中注明，本书第 6 章对推测为微指令（《手册》中未公开）的相关技术专利进行分析。

英特尔设计新 x86 处理器时需要兼顾处理器性能、译码复杂度和译码电路，因此需要扩展原指令集的方法设计新的指令集，这就造成了英特尔 x86 指令集包含指令宽度多样、译码方式不同的多个指令集。多指令集在 CPU 运行时需要使用相互转换或兼容等相关技术。本书第 7 章对涉及英特尔 x86 指令集扩展的指令格式相关专利，包括指令操作码域、立即数域、相对地址压缩编码、SIMD 指令集扩展方法等分别进行了整理和分析。第 7 章中的技术专利分析也包括英特尔 x86 多个指令集相互转换，指令集之间的兼容性的地址、寄存器空间扩展，编码转换等技术。

英特尔 x86 体系架构的指令集的逻辑实现见《微处理器体系结构专利技术研究方法 第三辑：x86 指令实现专利技术》，包括特定指令执行硬件结构、逻辑优化以及性能提升等方面的内容。涵盖算术运算、栈操作（压、弹栈）、跳转和分支、访存相关（加载与存储、高速缓存）、多线程、流水线、低功耗、编译优化以及调试技术等方面的相关专利。

此外，本书中多次提到名词“现有技术”。这些“现有技术”并非指某统一时间点前已有的技术，而是和所在章节某一件具体专利的“专利技术”相对的概念，指该专利申请日以前在国内外为公众所知的技术。“现有指令”和“现有处理器”等概念类似。

1.3 研究对象：英特尔 x86 指令集概述

指令是计算机硬件所能识别并直接执行操作的命令，一台计算机中所有指令的集合构成了该计算机的指令系统[1]。一个给定的体系结构所能理解的命令集合称为指令集[2]。微处理器的设计规范就是指令集体系结构，它定义了处理器必须执行的一整套指令集[3]。指令集作为 CPU 设计的标志性技术，其重要性不言而喻。同样，由于英特尔是 x86 架构的原创者、集大成者，也是领导者，本书选取英特尔 x86 架构作为主要研究对象。

按照英特尔 x86 架构 CPU（IA-32 和 Intel 64）已发布指令集以及《手册》中的描述，英特尔 x86 指令集大致包含以下若干子集[①]。

1. 通用指令集

通用指令集（general-purpose instructions）是 IA-32 指令集的一个基础指令集，最早是在 8086 引入的，后续又不断增加若干指令或子集。指令包含程序员编写应用程序和系统软件运行涉及的基本数据（basic data）移动、逻辑和算术运算、程序控制和字符串操作等。通用指令集可以操作内存、通用寄存器（EAX、EBX、ECX、EDX、EDI、ESI、EBP 和 ESP）和 EFLAGS 寄存器中的数据，也可以操作内存、通用寄存器和段寄存器（CS、DS、SS、ES、FS 和 GS）中的地址。对于英特尔 x64 架构，在 64 位模式中，大部分通用指令可用，极少数指令仅能用于非 64 位模式。

2. x87 FPU 指令集

处理器的 x87 浮点单元（floating-point unit，FPU）指令集由 x87 浮点运算单元执行，操作数为整数、浮点数和二进制编码十进制数（binary-coded decimal，BCD）。

3. x87 FPU 和 SIMD 状态管理指令集

x87 FPU 和 SIMD 状态管理（x87 FPU and SIMD state management）指令集包括浮点运算寄存器（MMX 和 XMM）的保存和恢复。英特尔 64 位 CPU 架构也支持该指令集。

4. SIMD 六个扩展指令集

1）MMX 指令集

MMX 指令集共 47 条指令，多应用于媒体和通信应用程序加速。该指令集引入了新数据类型“紧缩数据”（packed data），定义了 8 个 64 位 MMX 寄存器（和浮点寄存器共用）。

2）SSE 指令集

SSE 指令集共 70 条指令，多应用于 2D/3D 图像、运动视频、图像处理、语音识别、音频合成和视频电话会议等。

3）SSE2 指令集

SSE2 指令集共 144 条指令，主要用于 3D 图像、视频编解码、语音识别、电子商务、网络和工程应用等。

---

① 分类和指令集说明大部分基于《手册》信息整理或翻译。

4）SSE3 指令集

SSE3 指令集共 13 条指令，对 SSE、SSE2 技术进行性能加速，并且增强了浮点运算能力。

5）SSSE3 指令集

SSSE3 指令集共 32 条指令，能加快紧缩整型（packed integer）运算。

6）SSE4 指令集

SSE4 指令集包括 SSE4.1（47 条指令）和 SSE4.2（7 条指令）。SSE4.1 可以改善媒体和成像的性能以及 3D 工作负载，加快紧缩双字（packed dword）运算；SSE4.2 增加了文本和字符串处理指令。

5. AVX 指令集

AVX 指令集将 128 位的 SIMD 指令扩展为 256 位向量指令，可支持三个或四个操作数。AVX 的指令编码格式变化是添加了 VEX 前缀。

6. AVX2 指令集

AVX2 指令集是使用了 256 位向量寄存器的 256 位 SIMD 扩展。

7. AVX-512 指令集

AVX-512 指令集是 AVX 和 AVX2 指令集使用 512 位向量寄存器的 512 位 SIMD 扩展和提升，并增加了 AVX 和 AVX2 指令集不具有的功能，如混合、压缩、取尾数、广播和冲突检测等。其中更增加了 OPMASK 寄存器，能更细粒度地操作数据元素。AVX-512 指令的编码格式变化是添加了 EVEX 前缀。AVX-512 最早在 2016 年发售代号为 Knights Landing 的 Xeon Phi™ 处理器和协处理器中采用，之后部分 Xeon（至强）系列 CPU 支持 AVX-512 部分指令（子集）[4]。截至 2016 年底，桌面系列 CPU 均不支持该指令集。

8. F16C 指令集

F16C 指令集包括 SIMD 32 位单精度浮点数和 16 位半精度浮点数间的转换指令。

9. FMA 扩展指令集

FMA 扩展指令集（共 96 条），通过对浮点的乘法累积运算增强了 AVX 指令集，FMA 扩展指令含 3 个操作数，也被称为 FMA3。

10. AESNI 和 PCLMULQDQ

AESNI 指令集可以加快区块加解密标准算法。高级加密标准（advanced

encryption standard，AES）由美国国家标准与技术研究院（National Institute of Standards and Technology，NIST）发布。AESNI 含四条加解密指令和两条密钥生成指令；无进位乘法 PCLMULQDQ 指令执行两个 64 位数据无进位乘法，作为加密系统的一部分或用于散列算法以及循环冗余校验等。

11. TSX 指令集

TSX 指令集可以提高多线程效率和性能，允许程序员指定事务型同步代码空间，使目前使用粗粒度线程锁定（coarse-grained thread lock）的程序更自由地使用细粒度线程锁定（fine-grained thread lock）。仅至强（Xeon）系列 CPU 支持 TSX 指令。

12. 系统指令

系统指令（system instructions）用于控制处理器支持操作系统和执行管理。和通用指令相同，随着微架构的改进，系统指令中不断增加新的指令。

13. 64 位模式指令集

64 位模式指令集在 64 位处理器增加的 IA-32e 模式下的子模式——64 位模式中被引入，用于双字（doubleword）与四字（quadword）间、四字操作等。

14. VMX 指令集

VMX 指令集支持程序员编写应用程序和系统软件运行涉及的基本数据移动、逻辑和算术运算、程序控制和字符串操作等，仅带虚拟技术的处理器支持该指令集。

15. SMX 指令集

SMX 指令集可以建立一个度量环境，为系统软件提供编程界面。包括度量启动环境（measured launched environment，MLE）和保护机制等，可执行在可信执行技术（trusted execution technique，TXT）平台。该指令集仅在 2008～2009 年推出的酷睿 2 系列部分处理器中应用①。

16. SHA 扩展指令集

SHA 的主要用途包括数据完整性、消息和数字签名验证以及重复数据删除等。SHA 扩展指令集旨在提高处理器上的密集型计算安全散列算法性能，主要是

---

① 酷睿 2 双核处理器 E6x50，E8xxx；英特尔酷睿 2 四核处理器 Q9xxx 系列。

SHA-1 和 SHA-256 算法。英特尔公司 2017 年推出的第八代酷睿“大炮湖（Cannon Lake）”微架构支持该指令集。

17. MPX 指令集

恶意攻击较常见的形式之一是造成应用软件的缓冲区超越，即溢出。MPX 指令集通过帮助抵御缓冲区溢出攻击，增强软件的安全性。

18. SGX 指令集

为了避免获取权限的恶意软件访问软件应用中的密码、账号、财务、加密密钥和健康档案等私人机密信息，SGX 指令集提供两套函数指令支持应用创建受保护的安全区域，可确保数据的机密性和完整性。

第 2 章　通用指令集技术专利分析

英特尔 x86 通用指令集是英特尔公司最早推出的 x86 指令集，并在微处理器架构更新时根据应用需求陆续添加新的指令或指令集子集。英特尔 x86 通用指令集包括数据传输、数学运算、逻辑运算、字符串操作、控制传输以及通用指令集增强 BMI 等。

2.1　数据传输指令

本节专利主要和数据传输指令相关，主要面对数据传输过程中的三个问题：①数据摆放兼容性（大端小端问题）；②数据交换过程的原子性，即原子指令；③移动指令的优化执行方法。

2.1.1　字节交换指令

【相关专利】

US7047383（Byte swap operation for a 64 bit operand，2002 年 7 月 11 日申请，已失效）

【相关指令】

BSWAP（byte swap，字节交换）指令反转 32 位或 64 位寄存器数据的字节序，常用于大小端格式的转换。指令只包含一个目的寄存器操作数。指令最早出现在英特尔 486 系列处理器中。

专利中涉及微代码 UBE（unaligned big endian，未对齐大端字节序）和 ULE（unaligned little endian，未对齐小端字节序），《手册》中未公开该微代码。

【相关内容】

专利提出面向 64 位操作数的字节交换硬件逻辑。该指令经常用于大小端数据格式转换。相关硬件结构如图 2.1 所示。

具体操作为：先将 64 位操作数的 8 字节，如 ABCDEFGH，分为上半部分（ABCD）和下半部分（EFGH）两个 4 字节，利用两个支持 32bit 的字节交换硬件单元对上、下部分同时进行内部字节交换，形成交换后的两个部分（DCBA 和 HGFE），最后再将这两个部分交换位置生成最终结果（HGFEDCBA）。

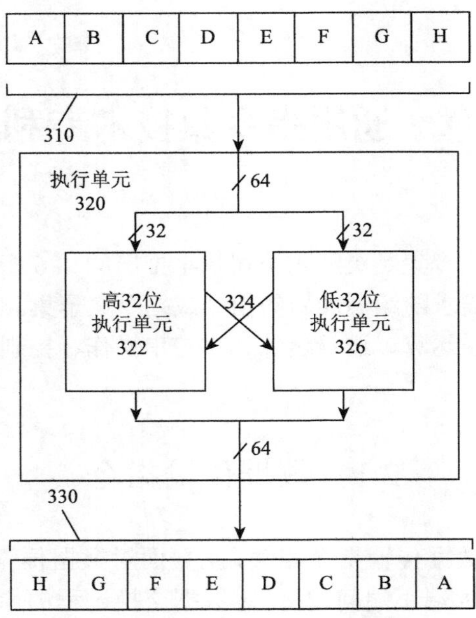

图 2.1　64 位操作数的字节顺序调换

2.1.2　比较交换指令

比较交换指令常用于对系统信号量可用性的检测，之前需要通过多条指令完成，由于该操作是不可中断的，需要切换到禁中断模式（protection level 0，保护级别 0）执行。该指令的提出保证了操作的原子性。当满足两个条件时，一组指令可以认为是原子的：第一，直到整组指令（entire set of instructions）完成，没有其他进程可以知道做出的改变；第二，如果集合中的任何一个指令失败，那么整组指令失败。当整组指令失败时，执行指令的计算机系统的状态恢复为整组指令开始执行前的状态。

【相关专利】

（1）US5889983（Compare and exchange operation in a processing system，1997 年 1 月 21 日申请，已失效）

（2）US8601242（Adaptive optimized compare-exchange operation，2009 年 12 月 18 日申请，预计 2032 年 4 月 19 日失效，中国同族专利为 CN 102103482 B）

（3）US20130232499（Compare and exchange operation using sleep-wakeup mechanism，2013 年 3 月 15 日申请，预计 2024 年 6 月 30 日失效，中国同族专利为 CN 100407136C）

【相关指令】

（1）CMPXCHG（compare and exchange，比较交换）指令将 AL、AX、EAX 或 RAX 寄存器中的值与第一操作数（目的操作数）比较。如果相同，将第二操作数（源操作数）装入目的操作数。否则，将目的操作数装入 AL、AX、EAX 或 RAX 寄存器。指令最早出现在英特尔 486 系列。

（2）CMPXCHG8B/CMPXCHG16B（compare and exchange bytes，比较交换多字节）指令将寄存器 EDX:EAX 中的 64 位数值（或寄存器 RDX:RAX 中的 128 位数值）与操作数比较。如果相同，将 ECX:EBX 中的 64 位数值（或寄存器 RCX:RBX 中的 128 位数值）存入目的操作数。否则，将操作数的值装入 EDX:EAX（或 RDX:RAX）。指令只有一个内存目的操作数，指令最早出现在 Pentium 系列处理器中。

（3）CLMARK 指令在特定位置引用的目标高速缓存行上设置需要的唯一识别标签，来指示原子序列的预期的所有权。例如，在唯一识别标签中使用“有效”比特以表明该特定位置的高速缓存行中的数据仍然有效。

（4）FASTCMPXCHG 指令包含 LOAD-COMPARE-STORE（加载-比较-存储）多个微操作（μop）阶段，但在 LOAD 之前可有内部分支。内部分支确定是否顺序地执行全部 LOAD-COMPARE-STORE 微操作阶段，或是否跳过 LOAD-COMPARE 部分并且实际上只执行 STORE 部分。

（5）CMPXCHG_SW 指令完成对锁值的比较交换操作，并在无法访问锁时将指令置于睡眠状态。

本节专利中描述了（3）、（4）和（5）中的指令，但《手册》中未公开相关操作指令。

【相关内容】

US5889983 专利介绍比较交换指令，该专利采用指定寄存器将普通的比较交换指令所需的 4 个操作数（3 个源操作数、1 个目的操作数）缩减为 3 个操作数，简化了指令。指定寄存器在比较交换指令执行时自动有效，不需要指令另外指定。

指令中 CMPXCHG 为操作码，硬件有特殊寄存器（PCO 寄存器）作为 src2 和 dest（源操作数 2 和目的操作数），但不在指令中显示。这条指令的功能是比较两个源操作数 src1 和 src2，如果比较结果一致，则 src3（源操作数 3）的值写回到 dest 也就是 PCO 寄存器。精简后的指令格式如图 2.2 所示，指令执行流程如图 2.3 所示。

US8601242 专利通过利用缓存一致性操作的标记对比较交换指令执行过程进行优化。具体为高速缓存行中每字节设置提示位（hint bits），标记 MESI 缓存一致性状态，分别是 M（modified，已修改）、E（exclusive，排他）、S（shared，共享）、I（invalid，无效）。若状态是 S，可以直接存储，省去每次的 LOAD-COMPARE-

STORE 原子操作中的 LOAD 和 COMPARE 操作；若状态是 M，则直接交换；若状态是 E，则什么也不做；若状态是 I，则从存储器写入高速缓存。指令控制流程如图 2.4 所示。

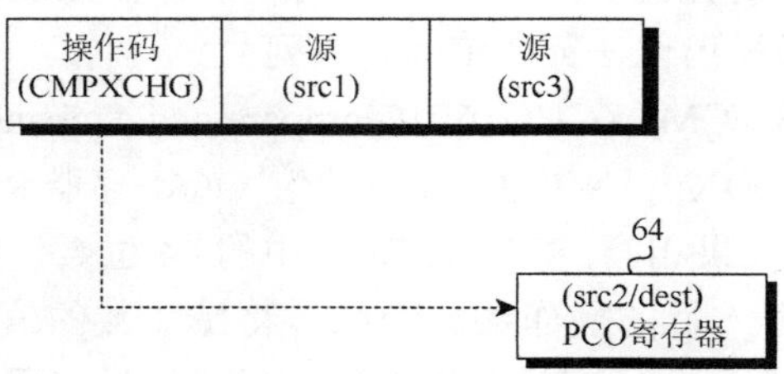

图 2.2　比较交换指令的指令格式

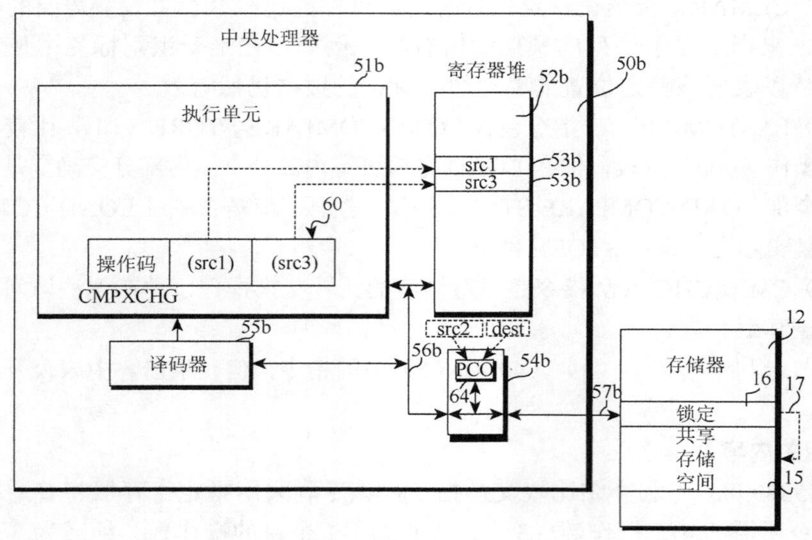

图 2.3　CMPXCHG 指令的执行示意图

实际的 CMPXCHG 指令格式示例和具体执行操作如下：

```
lock CMPXCHG [mem],rdx
```

（1）将存储在[mem]（由存储器地址指向的存储器位置）的值加载（LOAD 指令）到第一寄存器中，其中“第一寄存器”包括 LOAD 微操作所使用的专用寄存器。

（2）将第一寄存器中的值与 EAX 或 RAX 寄存器（是 EAX 还是 RAX 取决于操作数的大小）进行比较（COMPARE 微操作）。

（3）如果比较后表明两个值相等（即存储器中的值没有改变），那么将 RDX 寄存器中的值写入（STORE 微操作）[mem]。

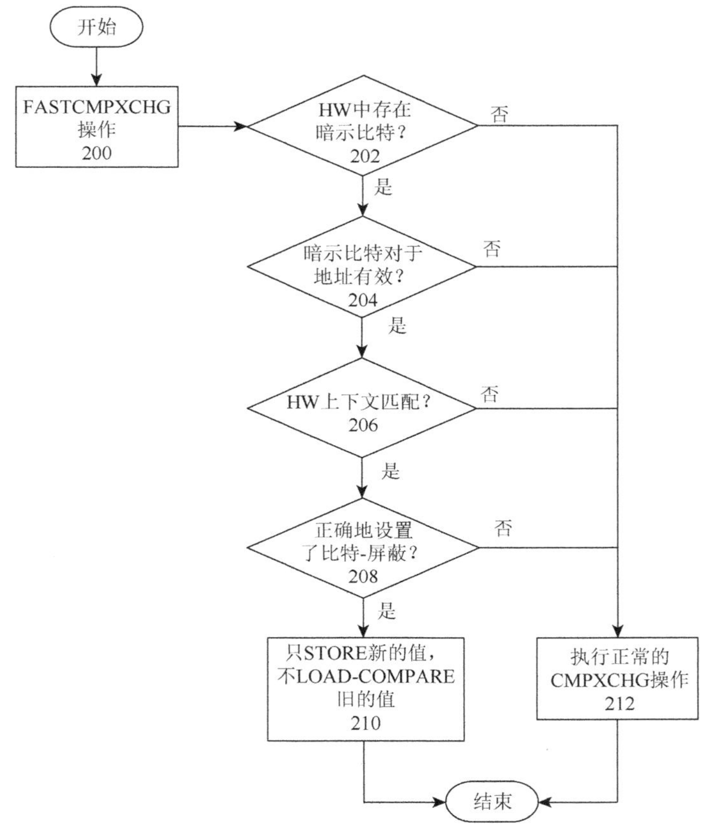

图 2.4　FASTCMPXCHG 指令控制流程

（4）如果比较后表明两个值不同（即存储器中的值已改变），那么将存储在[mem]中的当前值加载到 EAX/RAX 中。

"lock"锁定前缀使 CMPXCHG 指令本身变为原子指令。因为 CMPXCHG 指令被分解成前面描述的 LOAD-COMPARE-STORE 微操作组合。

CMPXCHG 指令是否执行成功取决于步骤（2）的 COMPARE 微操作的执行结果。如果零标志位（zero flag，ZF）被置位，则 CMPXCHG 执行成功；如果 ZF 被清零，则执行失败。在微操作集合 LOAD-COMPARE-STORE 之前需要以额外的 LOAD 指令作为开端，因为在该原子指令集开始时，CMPXCHG 指令需要将[mem]处的值加载到 EAX/RAX 寄存器中。

整个原子指令集的例子类似于以下代码：

```
[1] try_again:
[2] MOV rax,[mem];将位置[mem]处的存储器中的值加载到 RAX 寄存器中
```

```
[3] MOV rdx,rax;将 RAX 寄存器中的值加载到 RDX 寄存器
[4]    ** 插入代码以将 RDX 寄存器操控为(潜在的)新的值 **
[5] lock CMPXCHG[mem],rdx;如果 RAX 寄存器中的值仍然等于在位置[mem]
;处的存储器中的值,那么将 RDX 寄存器中的值加载到位置[mem]处的存储器中
[6] jnz try_again;如果 CMPXCHG 成功,那么 ZF=1,从而跳转;如果未成
;功,ZF=0,则不跳转
```

注：当使用 CMPXCHG 指令时，使用的 LOAD-COMPARE-STORE 微操作组合是串行依赖的流。由于该串行流的依赖性，完成 CMPXCHG 指令所需微操作的数量可能是很大的。

US8601242 专利技术提出两条新指令以提供标准CMPXCHG微操作组合中通常未必执行的 COMPARE-STORE 部分。即在多数情况下，新指令将允许仅执行组合的 STORE 部分。这两条指令可以称为 CLMARK 指令和 FASTCMPXCHG 指令。CLMARK 指令格式示例为：

```
CLMARK 8B mem
```

mem 字段包括落在一个高速缓存行内的基础存储器地址。8B 字段指示考虑从 mem 地址开始有多少字节用于 FASTCMPXCHG 指令。在 US8601242 专利说明书的多个示例中，有多个 CLMARK 指令的版本，其具有的 8B 字段支持所有 2 的幂的字节大小，直至 CPU 的高速缓存行大小。

CLMARK 指令在 mem 位置引用的目标高速缓存行上设置需要的唯一识别标签，来指示原子序列的预期的所有权。例如，可以在唯一识别标签中使用“有效”比特以表明该特定 mem 位置的高速缓存行中的数据仍然有效；另外，唯一识别标签还可以包括硬件上下文 ID。唯一识别标签中的另一个额外的可能性是可以包括用于每一个高速缓存行的比特-屏蔽（bit-mask）。针对高速缓存行中的每一字节，比特-屏蔽可以使用单个比特。该比特-屏蔽可以用来最小化在共享数据结构中的误共享冲突。FASTCMPXCHG 指令格式示例为：

```
lock FASTCMPXCHG 8B[mem],testval,newval
```

FASTCMPXCHG 指令分解为单独的 LOAD-COMPARE-STORE 微操作阶段，但是在 LOAD 之前可以存在分支。内部分支确定是否顺序地执行全部 LOAD-COMPARE-STORE 微操作序列，或是否跳过 LOAD-COMPARE 部分并且实际上只执行 STORE 微操作。

FASTCMPXCHG 指令中的分支基于多个决策来确定要采取哪条路径。该操作可在任一种情况下在适于执行该代码的硬件上工作。

US20130232499 介绍使用睡眠-唤醒机制的比较交换操作（CMPXCHG_SW），用于避免锁竞争而导致的性能瓶颈。

在多线程处理器中，为了保证执行的正确性，有些线程需要通过信号量或锁

等机制，在某段时间内排他性地占用某些共享资源。当某一共享资源被某一线程排他性地获取后，其他需要访问该共享资源的线程必须先竞争获取相应的锁，再开始对共享资源的访问。在竞争获取锁时，线程通常处于“忙等待”的状态，即不断地循环查询锁当前的状态，等待锁被释放。这引发了处理器计算资源的浪费，对性能具有不利的影响。专利技术提供的方法可以在线程不能获得锁时，将指令置于睡眠状态，直到释放锁的事件发生。

图 2.5 为使用 CMPXCHG_SW 机制的系统框图。CMPXCHG_SW 指令 608 在处理器 602 上执行，处理器 602 成功地获得了锁 634 以访问共享存储器空间 636。当其他处理器 604～606 尝试获得非空闲的锁 634 时，处理器 604～606 处的 CMPXCHF_SW 指令 610～612 将被置于睡眠状态。当 CMPXCHG_SW 指令 610～612 处于空闲或睡眠状态时，处理器 604～606 可继续执行其他任务，这有助于避免处理器 604～606 被阻塞并提高系统的性能。CMPXCHG_SW 指令 610～612 的唤醒可用事件的发生来触发。

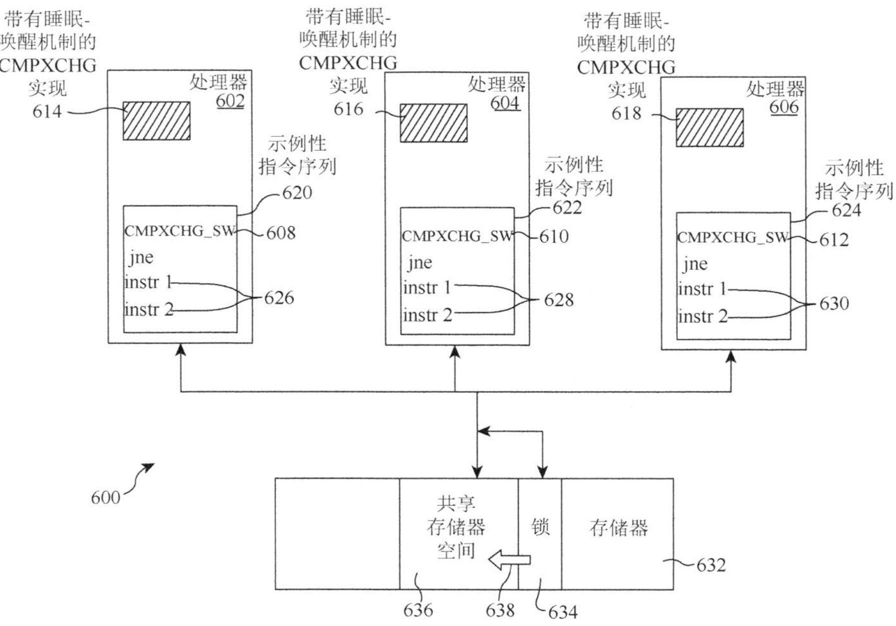

图 2.5　使用 CMPXCHG_SW 机制的系统框图

2.1.3　处理器间数据传输

【相关专利】

US6826676（Extending immediate operands across plural computer instructions with indication of how many instructions are used to store the immediate operand，2001 年 11 月 19 日申请，已失效）

【相关指令】

PLI（prepare long immediate，准备长立即数）指令允许将主处理器的源操作数地址域与一个或多个协处理器的指令结合起来提供长的立即数。在真正带立即数的指令执行前，主处理器发送 PLI 指令给协处理器，指明协处理器接下来的 N 条指令都解释为立即数。《手册》中未公开相关操作指令。

【相关内容】

在主处理器与协处理器总线宽度不一致的情况下，例如，分别为 18 位和 11 位，协处理器需要分多个周期才能将一个主处理器长度的立即数发送给主处理器。本专利定义 PLI 指令，完成主协处理器数据传输的拼接操作。准备长立即数的处理器逻辑框图示例见图 2.6。示例 PLI 指令 190 将主处理器指令 130A 的 5 位源操作数地址字段 135B 与协处理器指令 130B 组合在一起，形成一个 16 位即时操作数 137，供主处理器 110 使用。

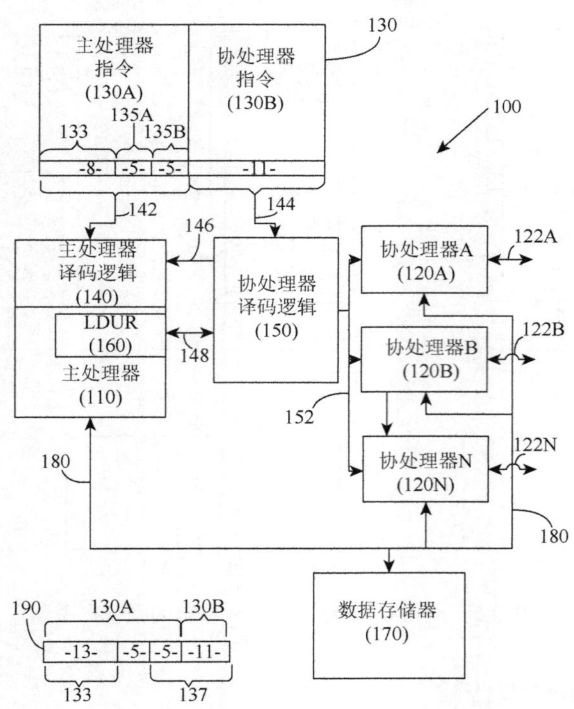

图 2.6　准备长立即数的处理器逻辑框图

2.1.4 通过寄存器重命名优化数据传输指令

在支持指令乱序执行的处理器中，寄存器重命名是一种重要的技术。通过寄存器重命名，可以解决一些指令间的数据依赖关系，从而提高指令级并行性。寄存器重命名还可用于预测执行，例如，当预测执行条件分支指令时，所得的计算结果可以先写入重命名的寄存器中，直到处理器确实计算出条件分支指令的结果。但传统的乱序执行技术没有对数据传输（MOV）操作进行任何特殊处理，本节专利提出的方法利用寄存器重命名技术实现对 MOV 操作的更高效处理。

【相关专利】

US20140068230（Micro-architecture for eliminating mov operations，2012 年 10 月 4 日申请，预计 2032 年 10 月 4 日失效）

【相关指令】

与 x86 通用指令集中 MOV 类指令的实现方法相关。

【相关内容】

MOV 操作常用于在两个不同的寄存器间移动数据。在使用寄存器重命名的处理器中，MOV 操作所访问的寄存器均为逻辑寄存器。为了缩短 MOV 操作的运行时间，可以通过寄存器重命名的方法，将 MOV 操作的源和目的逻辑寄存器指向同一物理寄存器。这样搬移数据的操作不必实际执行即可完成 MOV 操作。当然，由此带来的维护数据间依赖关系的问题也需要妥善地解决。

图 2.7 为使用寄存器重命名技术去除 MOV 操作的系统逻辑框图，图中标出了不同模块间数据流动的情况。为了实现寄存器重命名，处理器需要重命名表（renaming table，RAT）、空闲寄存器堆（trash heap）和重排序缓冲器/分配器（reorder buffer/allocator unit，ROB/ALLOC）；为支持去除 MOV 操作的功能，还需在 ROB/ALLOC 中增加一个 MOV 操作 ME 矩阵（move elimination matrix）。RAT 中通过逻辑目的地（logical destination，LDest）记录指令的目的逻辑寄存器、架构物理目的地（architectural physical destination，Arch PDST）记录该逻辑寄存器当前对应的物理寄存器、新物理目的地（new physical destination，New PDST），记录更新后逻辑寄存器对应的物理寄存器。空闲寄存器堆负责挑选空闲的物理寄存器分配给 RAT 中的指令。当检测到在寄存器间移动数据的 MOV 指令时，空闲寄存器堆为目的寄存器分配与源寄存器相同的物理寄存器，以避免数据的搬移，并通过 ME 矩阵记录分配完成后的逻辑寄存器间的数据依赖关系。指令执行完成时，架构物理目的地值会被更新为新物理目的地值。

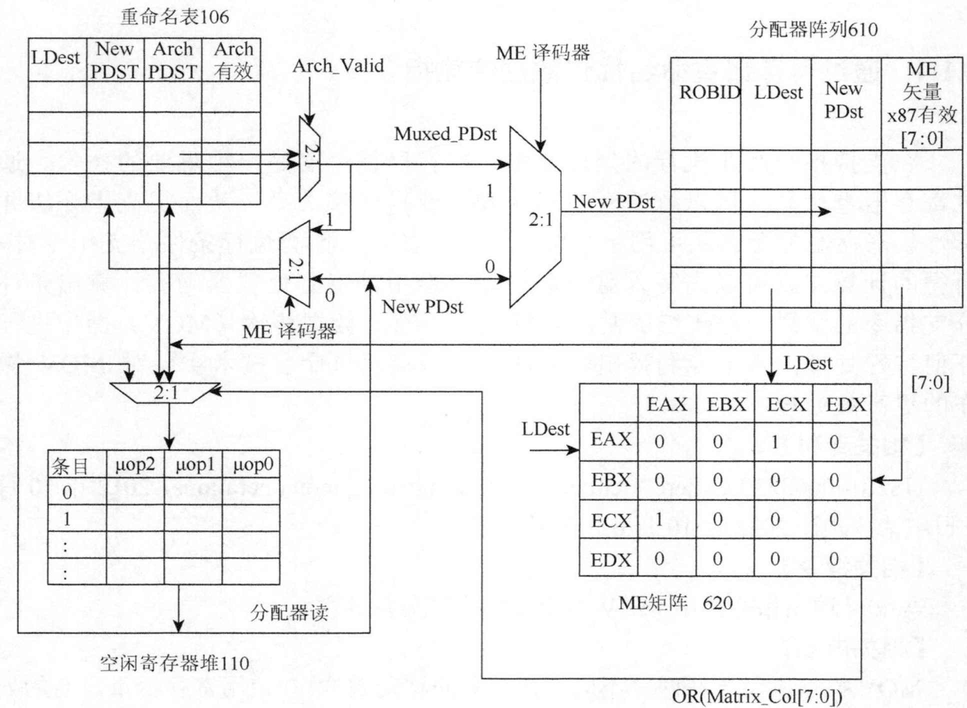

图 2.7 使用寄存器重命名技术去除 MOV 操作的系统逻辑框图

2.2 二进制计算指令

英特尔的二进制计算指令包括加法、减法、乘法、除法、递减、递增、取反和比较等指令。

加法指令是指令集中一种得到大量使用的二进制计算指令，应用如循环中的累加操作、加密系统等。加解密操作非常消耗计算资源，其中就包括大量的加法操作，提高加法性能可以提高系统的整体性能。本节内容和带独立进位链的加法指令相关。

【相关专利】

US20140013086（Addition instructions with independent carry chains，2011 年 12 月 22 日申请，预计 2031 年 12 月 22 日失效，中国同族专利为 CN 104011666 B）

【相关指令】

（1）ADX 指令集 ADCX（unsigned integer addition of two operands with carry flag，带进位标志位的两操作数无符号整数加）指令将目的操作数（第一操作数）、源操作数（第二操作数）和进位标志位（carry flag，CF）相加，并将结果存入目的操作数。该指令集包含两条 ADCX 指令，操作数分别为 32 位和 64 位。

（2）ADX 指令集 ADOX（unsigned integer addition of two operands with overflow flag，带溢出标志位的两操作数无符号整数加）指令将目的操作数（第一操作数）、源操作数（第二操作数）和溢出标志位（overflow flag，OF）相加，并将结果存入目的操作数。该指令集包含两条 ADOX 指令，操作数分别为 32 位和 64 位。

【相关内容】

专利技术可以高效地执行加法指令，允许拥有多个算术逻辑单元（arithmetic logic unit，ALU）的处理器并行地进行多个加法操作。并行进行的加法操作使用不同的加法指令，不同的加法指令使用各自的进位标志位，彼此不会互相干扰。英特尔在 2014 年推出的 Broadwell 微架构增加了 ADX 指令集，包含 ADOX 和 ADCX 两条指令，开始仅用于酷睿 M（Core M）平台，之后英特尔酷睿处理器家族 CPU 均加入这两条指令。

专利详细说明了带独立进位链的加法指令的格式、实现方式和应用，也介绍了使用该指令的处理器及系统结构。本专利提供了彼此之间没有数据依赖性的多个加法指令。第一加法指令将它的进位输出存储在标志寄存器的第一标志位内，并且不修改标志寄存器内的第二标志位。第二加法指令将它的进位输出存储在标志寄存器的第二标志内，并且不修改标志寄存器内的第一标志位。

图 2.8 示例了该指令执行过程。每个周期有一条新的乘法指令开始执行，跟随在乘法指令后的加法指令是与乘法指令并行执行的。两条加法指令 ADCX 和 ADOX 的执行也是在同一周期内并行完成的。由于两条加法指令使用不同的进位标志位，其中一条指令的执行不会破坏另一条指令产生的结果（即对进位标志位的修改），因此才使并行执行成为可能。

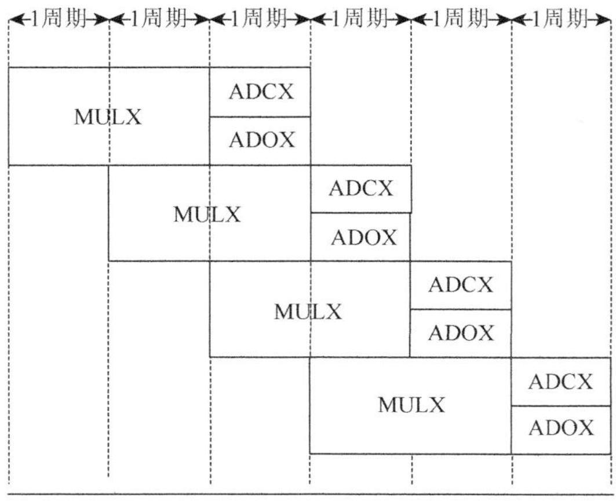

图 2.8　并行执行带独立进位链的加法指令的示例

指令格式示例为“ADCX r64，r/m64”“ADOX r64，r/m64”。ADCX 和 ADOX 使用它们各自相关联的标志位，分别是 CF 和 OF，来实现进位输入和进位输出，且没有修改各自相关联的标志位。然而，通过将其他算术标志位，如符号标志位（sign flag，SF）、奇偶标志位（parity flag，PF）、辅助进位标志位（auxiliary carry flag，AF）、ZF 等，设置为零或另一个预定值，ADCX 和 ADOX 也可以修改这些算术标志位。

加法指令的定义示例如下：

```
ADCX: CF: regdst = reg1 + reg2 + CF
ADOX: OF: regdst = reg1 + reg2 + OF
```

如上所述，还可使用不同的算术标志位来类似地定义其他加法指令。例如，可将 ADAX 指令定义为仅读取和写入 AF 而不改变其他标志位，可将 ADPF 指令定义为仅读取和写入 PF 而不改变其他标志位等。两个源寄存器 reg1、reg2 和目的寄存器 regdst 中的数据宽度是相同的且可以是任何大小。目的寄存器和其中一个源寄存器可以复用。

2.3　位和字节指令

英特尔位和字节指令包括位测试和置位、修改字和双字操作数中的单独位、循环冗余校验、位 1 计数等指令。本节技术专利分析包括位测试和置位指令以及循环冗余校验相关指令的专利。

2.3.1　位测试和置位指令

【相关专利】

US5701501（Apparatus and method for executing an atomic instruction，1993 年 2 月 26 日申请，已失效）

【相关指令】

BTS（bit test and set，位测试和置位）指令选择位串中指定位置的位，将该位的值存入 CF 标志位中，并将位串中选定的位置 1。指令包含两个操作数，第一操作数指定位串，第二操作数指定选定位在位串中的偏移。《手册》中还有几条与 BTS 相似的指令：BT（bit test，位测试，最后一步位串中选定的位不变）；BTR（bit test and reset，位测试和置零，最后一步位串中选定的位置零）；BTC（bit test and complement，位测试和翻转，最后一步位串中选定的位取反）。

x86 指令集的 JCC（jump if condition is met，条件跳转）类指令检查一个或多个标志位的值，如果标志位满足条件，则执行跳转指令。根据跳转条件的不同，存在以下条件跳转指令，其中括号中为标志位满足的跳转条件：JAE（CF = 0）、JB（CF = 1）、JC（CF = 1）、JE（ZF = 1）、JNAE（CF = 1）、JNB（CF = 0）、JNC（CF = 0）、JNE（ZF = 0）、JNO（OF = 0）、JNP（PF = 0）、JNS（SF = 0）、JNZ（ZF = 0）、JO（OF = 1）、JP（PF = 1）、JPE（PF = 1）、JPO（PF = 0）、JS（SF = 1）、JZ（ZF = 1）。

【相关内容】

US5701501 专利的目的是设计灵活而高效的原子指令的实现方式，在不改变微指令及硬件的情况下实现新的原子指令。本专利在寄存器中加入两个位来辅助原子指令的执行，分别是控制位（control bit）和状态位（status bit）。控制位可读可写，状态位对用户只可读，其数值是控制位的数值经过一定延迟后的数值。当遇到原子指令时，可以对控制位写 1，然后通过不断地判断状态位来辅助执行原子指令。如果状态位是 0，则继续读状态位，直到状态位变成 1 则往下执行。由于控制位和状态位之间存在一个延迟，利用这个延迟来保证原子指令的顺利完成。

赋值-控制指令：

（1）SET BIT（置位，《手册》上有 BTS 指令）。

（2）BRANCH IF CLEAR（如果清零则分支，《手册》上有 JZ 指令，全称为 jump if zero，即 ZF 为 1 时跳转）。

赋值-控制指令实现原子操作的程序示例如下：

```
loop: SET BIT  bit_c,reg A
BRANCH IF CLEAR  bit_s,reg A,loop
```

（程序说明：SET BIT 指令把控制位置 1；BRANCH IF CLEAR 指令在状态位变成 1 时往下执行，在还未变成 1 时返回 loop。）

2.3.2　循环冗余校验

英特尔早期并无专用循环冗余校验（cyclic redundancy check，CRC）指令和执行部件，但可以通过指令序列完成相关操作；2008 年推出的 SSE4.2 指令集包含 CRC32 指令，并且在处理器中增加了专用 CRC 执行单元和硬件逻辑；2009 年英特尔又申请了可编程的 CRC 指令集架构相关专利，该专利技术能使用灵活的多项式实现 CRC 操作。本节先介绍 CRC 检测方法，再梳理英特尔的 CRC 实现指令和方法的改进。

CRC 是一种使用广泛的、检错能力很强的数据传输差错检测方法。它通过在要发送的有用数据后添加循环冗余校验码的比特串实现。循环冗余校验码的特征是信息字段和校验字段的长度可以任意选定。作为一种数据传输检错措施，CRC

对数据进行多项式计算，并将得到的结果附在信息字段的后面，接收设备也执行类似的算法，以保证数据传输的正确性和完整性。

循环冗余校验码的基本原理是：在 K 位信息码后再拼接 R 位校验码，整个编码长度为 N 位，因此，这种编码也称为(N, K)码。对于一个给定的(N, K)码，可以证明存在一个最高次幂为 $N–K = R$ 的多项式 $G(X)$。根据 $G(X)$可以生成 K 位信息的校验码，而 $G(X)$称为这个 CRC 码的生成多项式。校验码的具体生成过程为：假设要发送的信息用多项式 $C(X)$表示，将 $C(X)$左移 R 位(可表示成 $C(X)X^R$)，这样 $C(X)$的右边就会空出 R 位，这就是校验码的位置。用 $C(X)X^R$ 除以生成多项式 $G(X)$得到的余数就是校验码。

任意一个由二进制位串组成的代码都可以和一个系数仅为“0”和“1”取值的多项式一一对应。例如，代码 1010111 对应的多项式为 $X^6+X^4+X^2+X+1$，而多项式 $X^5+X^3+X^2+X+1$ 对应的代码为 101111。

例如，假设使用的生成多项式是 $G(X)=X^3+X+1$。4 位的原始报文为 1010，求编码后的报文说明如下。

（1）将生成多项式 $G(X)=X^3+X+1$ 转换成对应的二进制数 1011。

（2）生成多项式有 4 位（$R+1$）（注意：4 位的生成多项式计算所得的校验码为 3 位，R 为校验码位数）。

（3）把原始报文 $C(X)$左移 3(R)位变成 1010000。

（4）用生成多项式对应的二进制数 1011，对原始报文左移 3 位后的二进制数（1010000）进行模 2 除。

（5）得到余位 011，所以最终编码为 1010011。

1. CRC 组合序列指令

在早期英特尔体系架构中，无专用 CRC 指令，仅用指令组合实现相应的功能。

【相关专利】

US7590930（Instructions for performing modulo-2 multiplication and bit reflection，2005 年 5 月 24 日申请；预计 2026 年 6 月 17 日失效）

【相关指令】

CMUL（carry-less multiply，无进位乘法）和 BREF（bit reflection，位反射）指令组合可实现 CRC 编码的计算。《手册》中未公开相关操作指令。

【相关内容】

US7590930 提出并声明了两个用以实现 CRC 操作的相关指令：CMUL 指令和 BREF 指令。

CMUL 指令实现了操作数之间的无进位相乘，而在硬件上，由移位器与按位异或门实现。如图 2.9 所示，报文 011010 与 01011 进行无进位乘法操作。首先，硬件检测乘数 01011 中所有“1”的位置；其次，根据“1”的位置将被乘数 011010 移位不同的位数；最后，通过异或门求出最终结果。

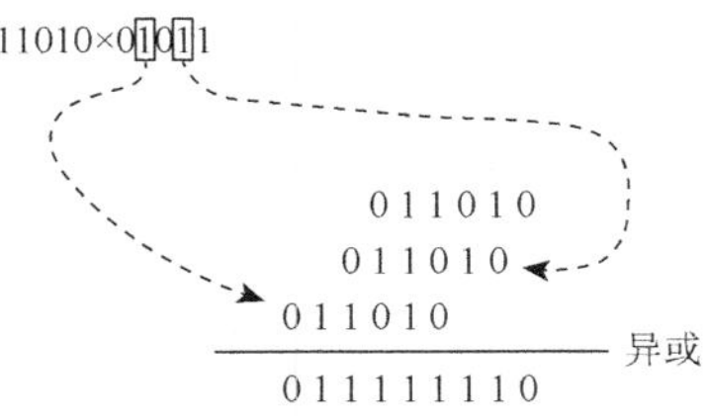

图 2.9　CMUL 指令实现示例

BREF 指令实现了对操作数按位互换（bit swap）的操作。操作将第 i 位数值和第 $L-i-1$ 位数值互换，其中 L 是寄存器长度，i 值的范围是 $0\sim L-1$。例如，源操作数为 011010，执行指令之后为 010110。值得注意的是，该指令可以在数据进行 CRC 编码之前使用，也可以在数据进行 CRC 编码之后使用。

本专利中 CRC 码产生算法为

$$r_{s\ \mathrm{Bit\ Slice}} = L_t(g^* \times M_s(S \times q^+))$$

其中，L_t 表示取低 t 位操作；M_s 表示取高 s 位操作；S 表示需要进行 CRC 编码操作的原始数据的位宽；q^+ 表示 $s+1$ 位 2^{t+s} 与生成多项式 g 的商；g^* 生成多项式的低 t 位。另外，所有乘法操作均由 CMUL 指令实现，即都为无进位乘法。

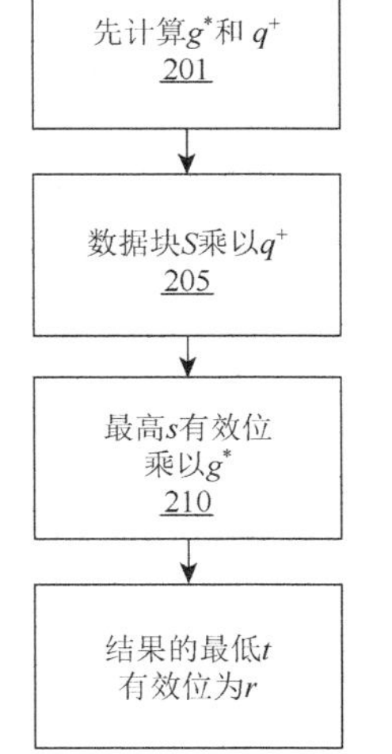

图 2.10　CRC 实现流程

专利描述的 CRC 实现流程如图 2.10 所示，首先，计算 g^* 与 q^+ 的值；其次，将数据块 S 与 q^+ 进行无进位乘法操作；再次，取结果的最高 s 有效位与 g^* 进行无进位乘法操作；最后，取结果的最低 t 有效位作为最终 CRC 的冗余码。

2. CRC32 指令和应用

英特尔于 2008 年推出的 SSE4.2 指令集中包含了 CRC32 指令。CRC32 指令集为实现快速、高效的 CRC 数据完整性检测提供了硬件加速支持。

【相关指令】

CRC32（accumulate CRC32 value，累积 CRC32 值）指令可以完成对 8 位、16 位、32 位、64 位数据的 CRC 操作，多项式为 11EDC6F41H。这个操作由几个基本操作完成：无进位乘法操作、位反射操作、移位操作等。指令定义两个操作数，其中第一个操作数的高位部分用于保存每次迭代无进位乘法的结果，低位部分保存 CRC32 的生成多项式；而第二个操作数保存需要进行 CRC 处理的源操作数。

1）CRC32 指令的执行部件和方法

本节介绍实现 CRC32 指令的执行部件和方法。

【相关专利】

（1）US7958436（Performing a cyclic redundancy checksum operation responsive to a user-level instruction，2005 年 12 月 23 日申请，预计 2029 年 7 月 31 日失效）

（2）US8225184（Performing a cyclic redundancy checksum operation responsive to a user-level instruction，2011 年 4 月 29 日申请，预计 2025 年 12 月 23 日失效）

（3）US8413024（Performing a cyclic redundancy checksum operation responsive to a user-level instruction，2012 年 5 月 31 日申请，预计 2026 年 2 月 19 日失效）

（4）US8713416（Performing a cyclic redundancy checksum operation responsive to a user-level instruction，2013 年 3 月 12 日申请，预计 2025 年 12 月 23 日失效）

（5）US8769385（Performing a cyclic redundancy checksum operation responsive to a user-level instruction，2013 年 7 月 12 日申请，预计 2025 年 12 月 23 日失效）

（6）US8793559（Performing a cyclic redundancy checksum operation responsive to a user-level instruction，2013 年 7 月 12 日申请，预计 2025 年 12 月 23 日失效）

（7）US8769386（Performing a cyclic redundancy checksum operation responsive to a user-level instruction，2013 年 7 月 12 日申请，预计 2025 年 12 月 23 日失效）

（8）US8775910（Performing a cyclic redundancy checksum operation responsive to a user-level instruction，2013 年 7 月 12 日申请，预计 2025 年 12 月 23 日失效）

（9）US8775911（Performing a cyclic redundancy checksum operation responsive to a user-level instruction，2013 年 7 月 12 日申请，预计 2025 年 12 月 23 日失效）

（10）US8775912（Performing a cyclic redundancy checksum operation responsive to a user-level instruction，2013 年 7 月 12 日申请，预计 2025 年 12 月 23 日失效）

（11）US8856627（Performing a cyclic redundancy checksum operation responsive to a user-level instruction，2013 年 7 月 12 日申请，预计 2025 年 12 月 23 日失效）

本节 CRC32 专利关系图见图 2.11。中国同族专利为 CN 101305349 B 和 CN 102708022 B。

对应最早产品为第一代酷睿 i7-965 处理器、至强 X3400 等系列处理器。

【相关内容】

本节专利主要介绍如何使用 CRC32 指令对数据进行 CRC 操作，包括算法设计到硬件逻辑。以上专利提出的技术替代了之前使用查找表进行 CRC 操作的做法，在流水线中加入专门的 CRC 执行单元和硬件逻辑如异或门来进行 CRC 操作。

本节专利技术在硬件上：在处理器的流水线中添加异或树等硬件逻辑，用于 CRC 操作时的无进位乘法操作。方法上：第一个寄存器保存源操作数，表示需要进行 CRC 检测的数据；第二个寄存器保存目的操作数，每次操作后的结果保存于目的寄存器中，以迭代地用于下次操作，直到所有操作完成。具体地讲，首先，将目

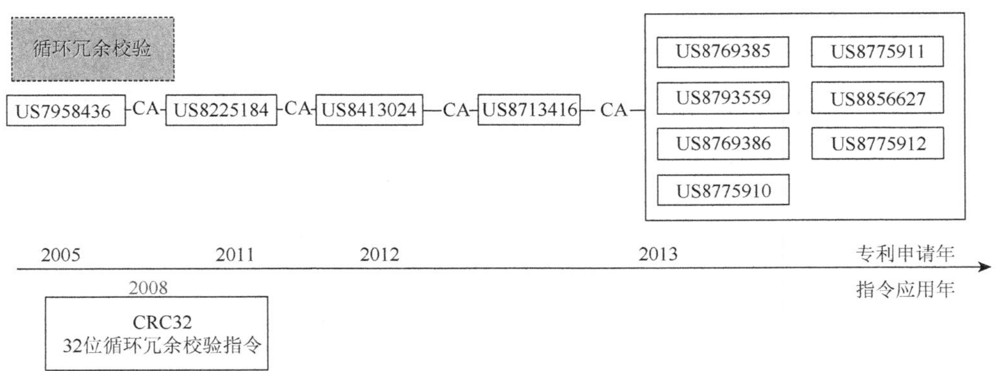

图 2.11　CRC32 专利关系图

的寄存器初始化，初始值可以是全 0、全 1 或其他；然后，将源操作数与目的操作数异或，得到的结果保存于目的寄存器；接着，保存的结果与特定生成多项式（如在 CRC32 中，生成多项式为 11EDC6F41H）进行异或操作，即多项式除法操作，再将结果保存到目的寄存器中；重复迭代此过程，直到所有源操作数都已经处理完，那么目的寄存器中得到的数就是该源操作数的 CRC 码，如图 2.12 所示。另外，源操作数和目的操作数都可以进行位反射操作，或者不进行位反射操作（在《手册》中，统一使用位反射操作）。

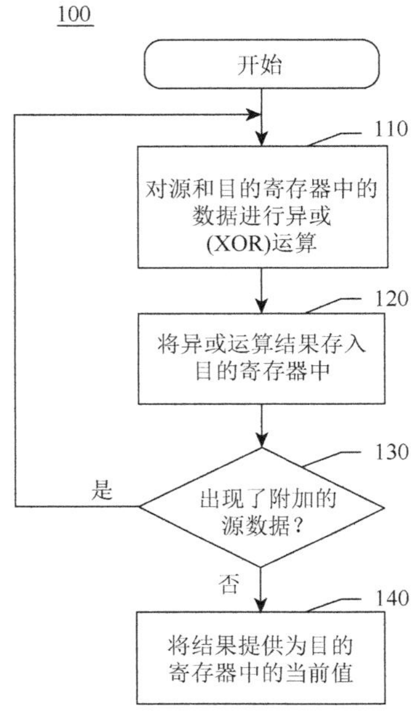

图 2.12　CRC32 指令执行流程

专利 US7958436 声明了 CRC 操作所需的指令。US8225184 在 US7958436 的基础上，强调处理器中对指令的接收过程以及指令的定义，即对 CRC32 指令在实施方法上的强调。US8413024 独立权利要求保护处理器中执行 CRC32 操作的硬件逻辑。US8713416 独立权利要求保护处理器的组成包括寄存器和执行单元。

US8769385 和 US8769386 的独立权利要求保护计算机系统对 CRC32 指令的应用。其中，US8769385 保护的系统包括处理器、存储器、Cache 和寄存器，且该处理器拥有 32 位和 64 位两套用于执行 CRC32 操作的数据通路，包括寄存器组和执行单元等硬件逻辑。US8769386 保护的系统包含存储控制器、存储器、通信器件以及键盘接口。该处理器拥有 32 位和 64 位两套用于执行 CRC32 操作的数据通路，包括寄存器组和执行单元等硬件逻辑。

US8793559 独立权利要求保护双核处理器或者多核处理器对 CRC32 指令的应用。该处理器拥有 32 位和 64 位两套用于执行 CRC32 操作的数据通路，包括寄存器组和执行单元等硬件逻辑。

US8775910 独立权利要求保护处理器中存储数据单元和寄存器组。该处理器拥有 32 位和 64 位两套用于执行 CRC32 操作的数据通路，包括寄存器组和执行单元等硬件逻辑。

US8775911 独立权利要求保护多核处理器中 CRC32 指令的应用。另外将 CRC32 指令的执行硬件扩展到：①存储数据单元；②整数执行单元；③浮点执行单元；④SIMD 执行单元。

US8775912 和 US8856627 独立权利要求保护处理器中 32 位和 64 位两套用于执行 CRC32 操作的数据通路，包括寄存器组和执行单元等硬件逻辑。

2）CRC32 指令用于数据块校验的方法

CRC32 指令还可以在存储器、网络接口、寄存器等数据传输媒介中完成数据块完整性的检测。

【相关专利】

（1）US7925957（Validating data using processor instructions，2006 年 3 月 20 日申请，已失效，中国同族专利为 CN 101405699 B）

（2）US8156401（Validating data using processor instructions，2011 年 2 月 25 日申请，预计 2026 年 3 月 20 日失效）

【相关内容】

US7925957 专利描述并声明了一种对数据块进行 CRC 检测的方法，通过 CRC32 指令来对缓冲器中的数据进行 CRC 操作。专利技术将数据划分成预定的区块大小，用以有效地校验和操作。首先，计算数据块中头部长度（head length，HL），该 HL 可以对应于缓冲器的初始数据量（如字节数），即一个宽的（64 位）CRC 操作自然对齐的数据块长度。

然后计算数据的主体长度（bulk length，BL），对应的数据量为从第一个 CRC 指令自然对齐的边界开始，到剩余数据不能再执行宽度可变 CRC 操作。接着计算尾部宽度（tail length，TL），对应的数据量为缓冲器中从最后一个 CRC 指令自然对齐的边界开始的剩余的数据量。HL 和 TL 每次 CRC 处理的数据大小是一致的，BL 每次 CRC 处理的数据大小比前两者要长。

计算完 HL、BL 和 TL 之后，首先对 HL 对应的数据进行 CRC 操作。HL 全部执行完毕之后对 BL 对应的数据进行 CRC 操作。BL 全部执行完之后对 TL 对应的数据进行 CRC 操作。操作流程如图 2.13 所示。

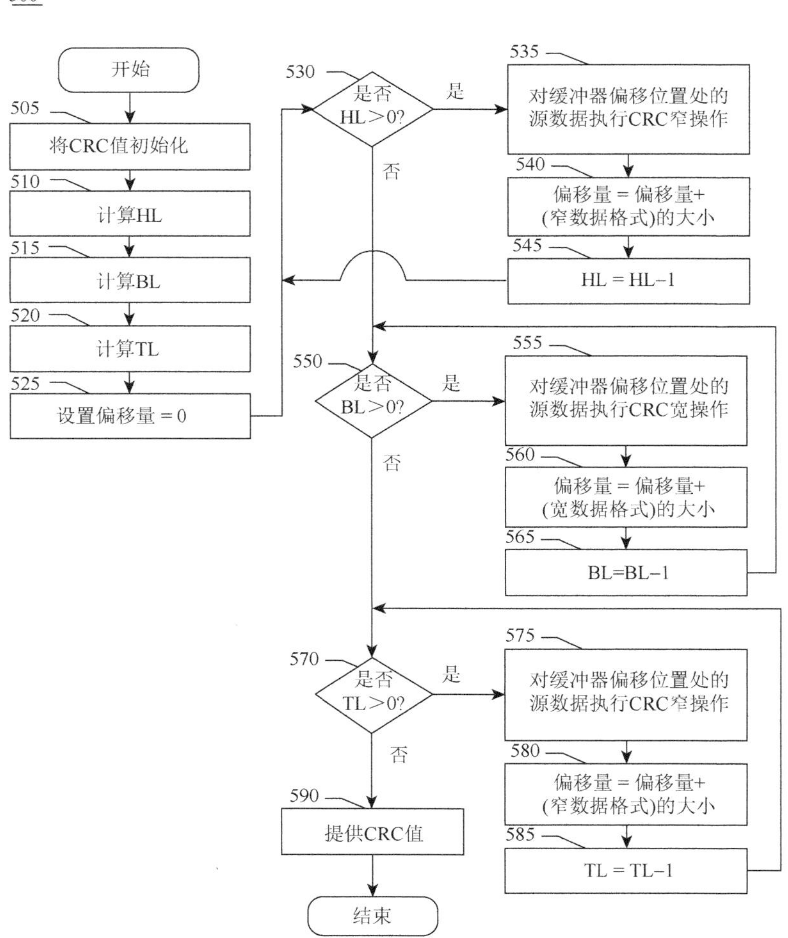

图 2.13　对缓冲器中的数据进行 CRC 操作的流程

US8156401 是 US7925957 的续案申请，在 US7925957 的基础上，声明了数据接收过程中对数据块进行 CRC 操作的方法，强调定序器在数据划分中的作用，另外，在独立权利要求中添加了对网络接口中数据的 CRC 操作。

3. 可编程 CRC 指令集架构

本节介绍一种可编程的 CRC 指令集架构。与之前介绍的 CRC32 指令不同的是，该指令可以使用任意的生成多项式来进行 CRC 操作。

【相关专利】

（1）US8464125（Instruction-set architecture for programmable cyclic redundancy check（CRC）computations，2009 年 12 月 10 日申请，预计 2031 年 4 月 25 日失效，中国同族专利为 CN 102096609 B）

（2）US8732548（Instruction-set architecture for programmable cyclic redundancy check（CRC）computations，2013 年 3 月 11 日申请，预计 2029 年 12 月 10 日失效）

【相关指令】

FLEX_CRC 宏指令，包括三条微指令：CRC_EXPAND_POLY 微指令（扩展多项式）、SHUFFLE_WORD 微指令（混洗字）、REDUCE_CRC 微指令（CRC 约减）。指令描述见相关内容，《手册》中未公开相关操作指令。

【相关内容】

专利说明书中描述了指令集架构，即可编程 CRC 指令，通过使用多个不同的 n 位多项式来进行 CRC 操作。第一个寄存器的高位保存指令明确的 n 位生成多项式，低位保存每次无进位乘法操作生成的多项式除法的余数，并作为整个 CRC 操作完成之后的目的寄存器；第二个寄存器用于保存需要进行 CRC 操作的原始数据。

可编程 CRC 宏指令由三条微指令组成：①扩展多项式；②混洗字；③CRC 约减。在处理器的执行单元中，通过扩展多项式从第一操作数的高位中导出预计算多项式 K，而 K 的低 32 位被 CRC 单元存储，用于稍后进行 CRC 约减操作；混洗字操作从寄存器中接收源操作数进行混洗操作；最后，对由混洗字操作所提供的 32 位数据中的四字节的每一字节执行 CRC 约减操作，执行流程如图 2.14 所示。

FLEX_CRC 宏指令格式类似于 CRC32 指令，区别在于操作数的定义。FLEX_CRC 的操作数可以定义生成多项式的类型，而 CRC32 指令中的生成多项式是固定的。

CRC_EXPAND_POLY 微指令：操作数高位表示即将使用的多项式，低位表示每次无进位乘法操作生成的多项式除法的余数，如图 2.15 所示。

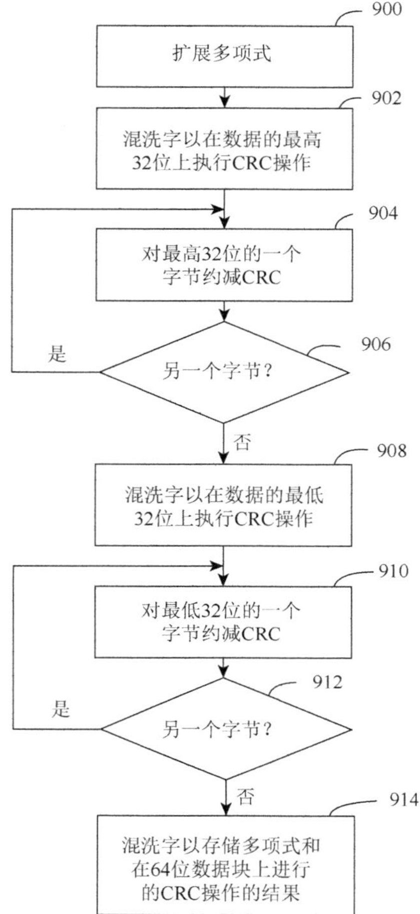

图 2.14　FLEX_CRC 宏指令执行流程

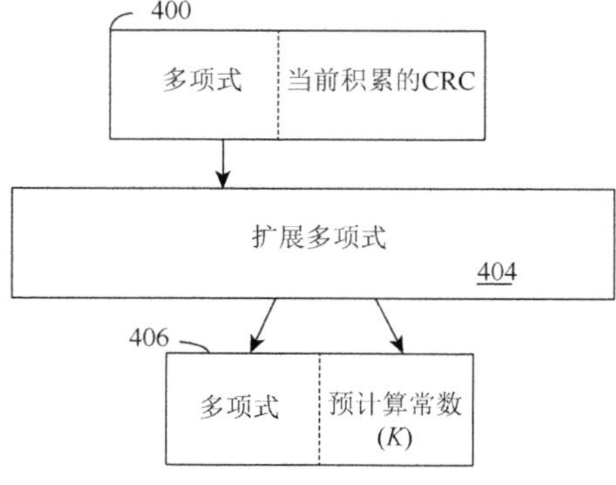

图 2.15　CRC_EXPAND_POLY 微指令

SHUFFLE_WORD 微指令：混洗两个操作数，通过输入修饰符[3:0]控制混洗的操作数，如图 2.16 所示。

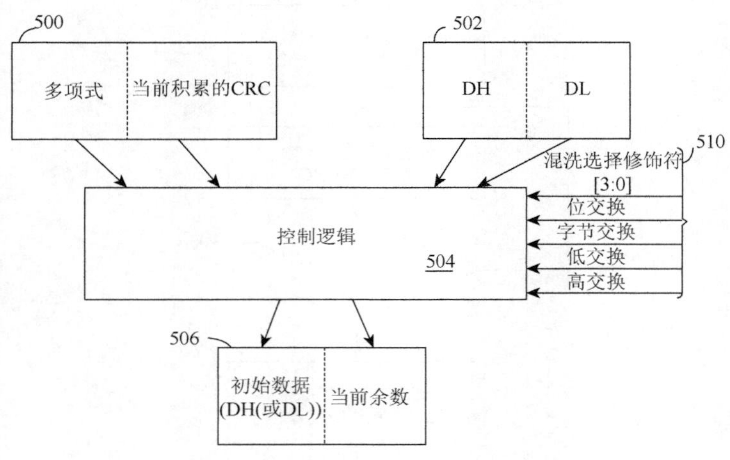

图 2.16　SHUFFLE_WORD 微指令

REDUCE_CRC 微指令将 CRC_EXPAND_POLY 操作得到的多项式与 SHUFFLE_WORD 操作得到的操作数进行 CRC 操作，得到最终结果，如图 2.17 所示。

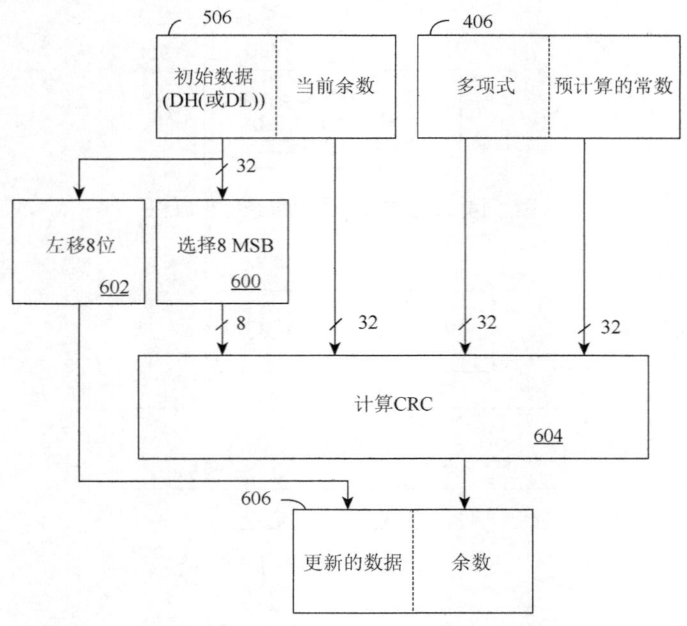

图 2.17　REDUCE_CRC 微指令

US8464125 的权利要求保护了处理器中能够执行可编程 CRC 指令的执行单元，以及执行方法。而 US8732548 是前者的续案专利，保护了同样的执行单元，区别在于该执行单元位于一个“装置”中。

2.4　控制传输指令

控制传输指令提供跳转、条件跳转、循环、调用和返回操作。其中绝大部分指令均采用逻辑实现的专利保护，仅少量为指令集相关专利。本节主要介绍程序执行过程中起到控制作用的指令实现的专利，包括指令集中的调用和返回指令以及中断指令的定义及逻辑实现。

2.4.1　函数调用和返回

本节专利技术主要描述与过程控制相关的指令（如函数调用指令 CALL/RETURN、中断指令等），执行过程中保存上下文所需的处理器结构以及中断指令设计（为保持指令集不随中断增加而被迫扩充）。

【相关专利】

US4811208（Stack frame cache on a microprocessor chip，1986 年 5 月 16 日申请，已失效）

【相关指令】

CALL（call procedure，子程序调用）指令保存当前程序的返回信息并调用目的操作数指定的子程序。目的操作数表示被调用子程序的第一条指令的地址，可以是立即数、通用寄存器或内存地址。CALL 指令可以有如下 4 种类型：near call（调用当前代码段内的子程序）、far call（调用其他代码段内的子程序）、inter-privilege-level far call（调用不同特权级的段中的子程序）、task switch（调用其他任务中的子程序）。

《手册》中未公开专利中的 CALL_EXTENDED 指令助记符，但该指令操作与《手册》中 far call 类型的 CALL 指令操作类似。

【相关内容】

处理器中的寄存器堆分成全局寄存器堆（global register）、浮点寄存器堆（floating-point register）、局部寄存器堆（local register）。全局寄存器堆包含 16 个 32 位寄存器，由两部分构成，一个是桢指针（frame pointer）寄存器，用于标识当前所用的局部寄存器堆；其他是通用寄存器。浮点寄存器堆用于浮点数的相关运算，含 4 个 80 位浮点寄存器。每个局部寄存器堆含 16 个 32 位寄存器。多个（一般是 4 个)局部寄存器堆构成一个寄存器池(register set pool),称为栈帧缓存(stack frame cache)。

本专利技术描述了用于提高 CALL/RETURN 效率的相关指令及寄存器堆结构。当遇到 CALL 指令时，从寄存器池中选择其中一个局部寄存器堆用于存放 CALL 指令调用函数的局部变量。执行 RETURN 指令时，则释放这个局部寄存器堆。局部寄存器堆中包含一个寄存器用于存储返回的地址，称为返回指令指针(return instruction pointer，RIP)。当所有局部寄存器堆均被占用时，把其中一个局部寄存器堆的数据存放到主存储器中。这样，CALL/RETURN 指令就可以尽量避免访问存储器，提高了执行效率。

在图 2.18 所示的处理器功能性框图中，在全局寄存器堆下方增加了栈帧缓存结构。函数局部变量与全局变量相比生存期要短，即被调函数开始执行时，局部变量要占用寄存器，而当被调函数执行结束返回后，局部变量又不得不立即被释放。频繁的函数调用与较短的代码长度决定了局部变量的生存期与全局变量相比短很多。因此，体系结构设计者希望建立一种寄存器池，缓解多级函数调用带来的局部变量存放需求。如此，既降低了访存需求，也提升了函数执行效率。

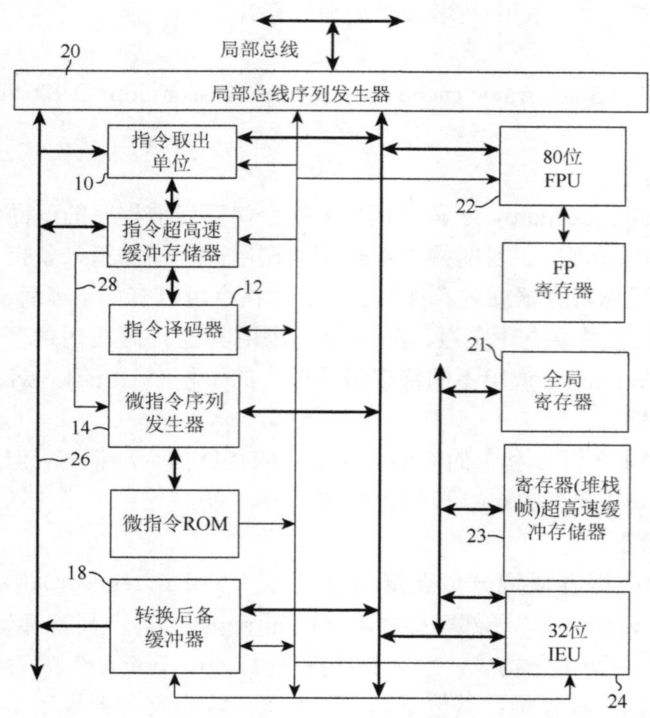

图 2.18　处理器功能性框图

2.4.2　比较-分支指令

【相关专利】

（1）US5721927（Method for verifying continuity of a binary translated block of instructions by attaching a compare and/or branch instruction to predecessor block of instructions，1996 年 8 月 7 日申请，已失效）

（2）US5748950（Method and apparatus for providing an optimized compare-and-branch instruction，1997 年 3 月 20 日申请，已失效）

（3）US5870598（Method and apparatus for providing an optimized compare-and-branch instruction，1997 年 8 月 29 日申请，已失效）

【相关指令】

专利中公开了比较-分支（compare-and-branch，COBR）指令，《手册》中未公开专利相关操作指令。

【相关内容】

这几项专利涉及 COBR 的指令格式、指令实现，以及指令的应用。

专利 US5721927 介绍通过在程序基本块（basic block）中加入比较-分支指令判断经二进制转换之后的基本块，其执行顺序是否准确。

专利 US5748950 和 US5870598 介绍指令的实现过程。处理器的译码器先判断是否是 COBR 指令，如果是，则先进行比较操作并得到结果，然后将操作码（opcode）转换成分支指令，进行分支操作。

图 2.19 是 COBR 的指令格式，图 2.20 示例了基于 COBR 指令的执行顺序判别流程。当 COBR 指令执行时，处理器会比较两个源操作数 src1 和 src2，依据条件是否匹配决定后续操作。如果条件匹配，会根据偏移（disp）进行跳转，如果条件不匹配，则会继续正常执行。

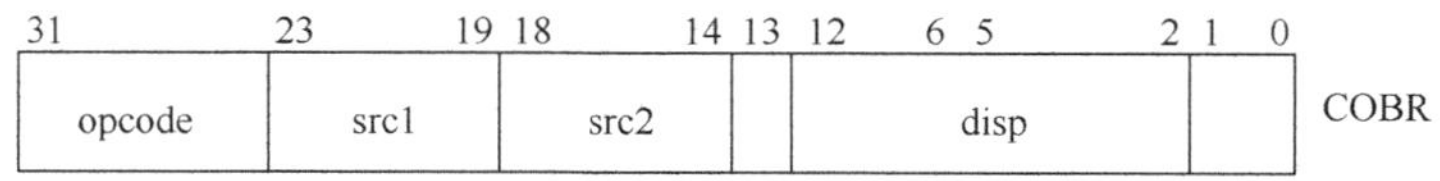

图 2.19　COBR 指令格式

2.4.3　中断返回指令

本节专利技术对中断返回指令进行改进，在服务中断处理的情况下，通过为中断返回指令设计接收参数的方式，避免了必须为每种处理器或应用逐一定制修改不同指令，并提供硬件支持的问题。专利技术既提供了硬件的中断处理支持，也避免了指令集的膨胀。

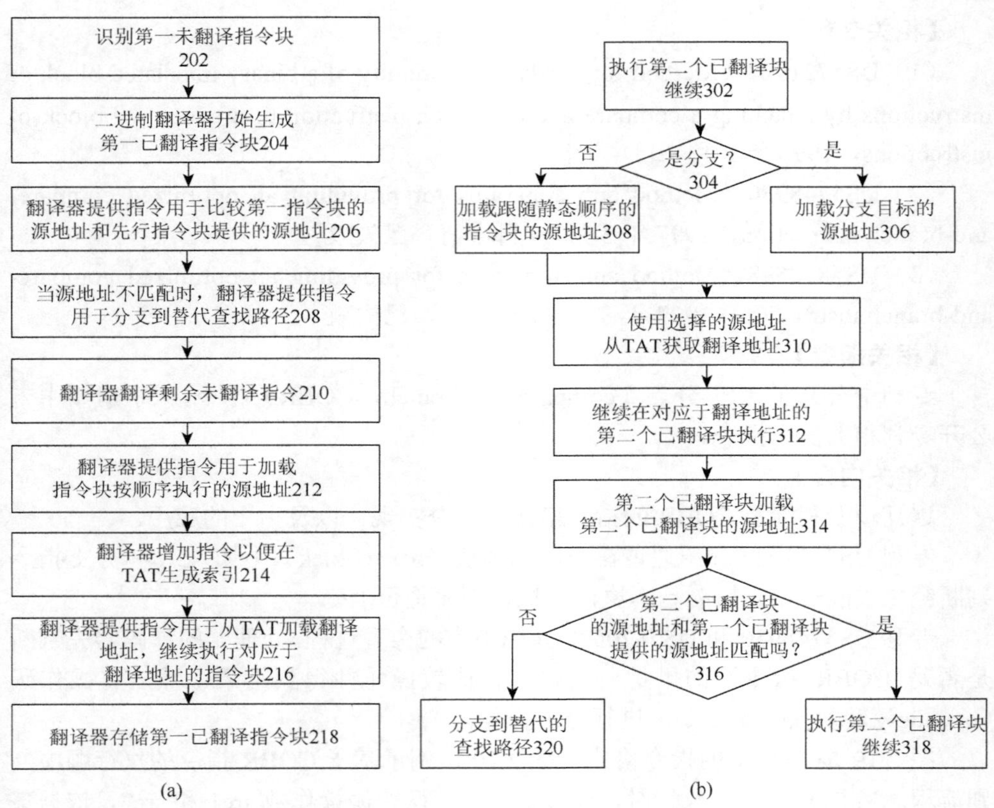

图 2.20　基于 COBR 指令的执行顺序判别的实现流程和执行流程（US5721927）

【相关专利】

US20130326101（Interrupt return instruction with embedded interrupt service functionality，2011 年 12 月 22 日申请，预计 2031 年 12 月 22 日失效，中国同族专利为 CN 104011684 B）

【相关指令】

x86 指令集的 IRET/IRETD/IRETQ（interrupt return，中断返回）指令将程序的控制权从中断处理程序返回给被中断的程序。IRET 用于 16 位操作数，IRETD 用于 32 位操作数，IRETQ 用于 64 位操作数。

专利中给出的 IRETOVLD 指令（IRET“过载”的助记符号）从内核栈（且

没有从显式操作数）中得到返回地址和处理器状态标志。《手册》中未公开专利相关操作指令。

【相关内容】

US20130326101 专利详细说明了改进的中断返回指令的原理和实现方法，也结合实例介绍了使用该方法的处理器和系统结构。

该专利提出允许中断返回指令接收两个参数：①参数 X，中断向量号；②参数 Y，主调程序下一条指令的地址，以便中断处理结束后可以顺利返回主调程序继续执行。由于参数 X 的存在，避免了必须逐处理器、逐应用地定制修改硬件支持，因此指令集的大小不会膨胀。图 2.21 为现有技术的中断执行过程。

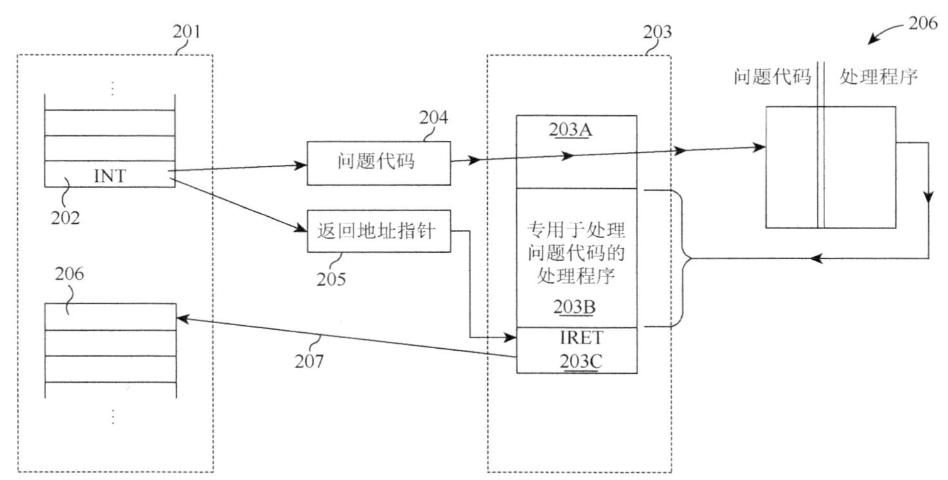

图 2.21　原始中断执行流程（现有技术）

图 2.22 为增强后的中断执行流程。与图 2.21 展示的现有技术的中断执行过程相比，增强后的中断执行流程最大的特点是中断处理通过硬件完成。主调程序在执行到中断指令后依然传入两个参数：中断向量号和返回地址。中断处理程序收到这两个参数后不再通过软件完成处理过程，而是直接将这两个参数传给增强的中断返回指令，由中断返回指令硬件对中断做出适当的处理，然后返回主调程序。

参数的传递不一定需要通过指令编码显式地进行。中断向量号的传递可以通过特定的寄存器完成，返回地址的传递可以通过堆栈完成。如此，将硬件支持设计到 IRET 指令本身的功能中，并没有扩展指令集。IRET 指令接收：①第一输入操作数 X，标识遇到的特定问题；②第二输入操作数 Y，标识在处理了引起中断的问题之后将要被执行的调用程序的下一个指令的地址。

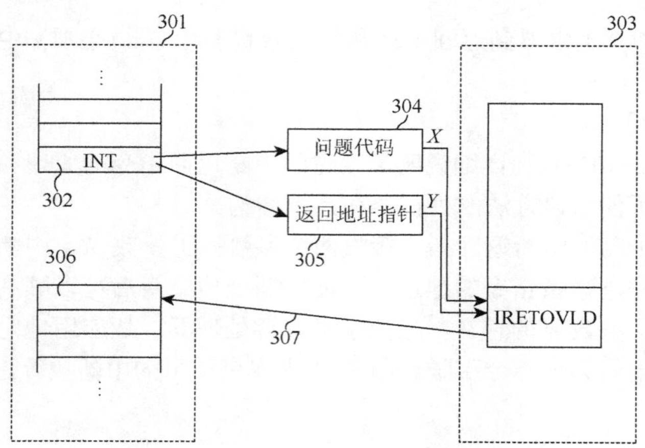

图 2.22 增强后的中断执行流程

X 和 *Y* 不是显式操作数，而是被隐式地传递。例如，*X* 参数通过控制寄存器（如 x86 架构中的 CR1 控制寄存器）被传输至中断处理程序。当中断发生时，返回地址指针 *Y* 被推入内核栈。IRETOVLD 指令（本专利技术中的 IRET 指令被称为 IRETOVLD 指令——IRET“过载”的助记符号）从内核栈（且没有从显式操作数）中得到返回地址和处理器状态标志。

使用控制寄存器和将返回地址推入内核栈允许 IRETOVLD 指令向下兼容或通过代码调用。当代码不理解 IRETOVLD 指令时，该 IRETOVLD 指令可以被实现为传统的 IRET 指令执行。

2.5 字符串指令

字符串操作包括对多字节字符串在存储中的移动、比较、扫描、加载、存储等操作。对于循环执行同一操作的情况，如果可以识别出来，则运用 REP 前缀指令执行，缩短每次迭代间的准备时间。英特尔有相关专利保护该前缀指令。

2.5.1 执行重复串操作（REP 前缀指令）

处理器常执行连续多次的串操作，如移动、存储等，针对一整块的数据而非单个数据，具体为 REP 前缀与指令一起使用，以表明所述指令将重复执行指定数量的迭代（iteration）。

【相关专利】

US7100029（Performing repeat string operations，2002 年 8 月 28 日申请，预计

2023 年 11 月 26 日失效，中国同族专利为 CN 100353314C）

【相关指令】

（1）REP/REPE/REPZ/REPNE/REPNZ（repeat string operation prefix，重复字符串操作前缀）指令重复执行一条前述的字符串指令，直到满足终止条件。终止条件为 CX、ECX 或 RCX 寄存器的值变为零。REPE/REPZ 的终止条件还包括 ZF = 0，REPNE/REPNZ 的终止条件还包括 ZF = 1。

（2）MOVS/MOVSB/MOVSW/MOVSD/MOVSQ（move data from string to string，字符串移动）指令移动第二操作数（源操作数）指定的字节、字、双字或四字到第一操作数（目的操作数）指定的位置。源和目的操作数均位于内存中。MOVS 助记符需要显式指定操作数，其他助记符隐式指定操作数。隐式指定操作数时，源操作数地址存储于 DS:ESI 或 DS:SI 寄存器，目的操作数地址存储于 ES:EDI 或 ES:DI 寄存器。

（3）STOS/STOSB/STOSW/STOSD/STOSQ（store string，字符串存储）指令将 AL、AX、EAX 或 RAX 寄存器中的字节、字、双字或四字存入目的内存地址。STOS 助记符需要显式指定操作数，其他助记符隐式指定操作数。隐式指定操作数时，内存地址存储于 ES:DI、ES:EDI 或 ES:RDI 寄存器。

（4）LODS/LODSB/LODSW/LODSD/LODSQ（load string，字符串读取）指令从内存读取字节、字、双字或四字到 AL、AX、EAX 或 RAX 寄存器中。LODS 助记符需要显式指定操作数，其他助记符隐式指定操作数。隐式指定操作数时，内存地址存储于 DS:SI、DS:ESI 或 DS:RSI 寄存器。

【相关内容】

将重复前缀 REP 与特定指令一起使用，使处理器重复操作给定次数（即迭代）的特定指令，是各种指令集的通用技术。

本专利技术识别 REP 前缀指令，循环执行同一操作，缩短每次迭代间的准备时间。对于迭代次数，设计计数器，反复执行同一操作即可。但是需要准确或者相对准确地识别迭代次数。

（1）短重复串操作：执行次数少于 8 次的串操作。首先检查是否包含 REP 前缀，若无则表示不存在重复串操作；反之，检查重复串操作以获取操作数大小；然后发射串操作 3 次迭代（数据表明约 99%的 REP MOVSB 指令涉及 3 次或更少）。之后检查 ECX 寄存器以确定实际请求的迭代数量是否在值为 3 或更少的预测之内。如果实际迭代数量小于或等于 3，则适当地执行或取消已发射的迭代。具体地说，被执行的迭代数量等于 ECX 寄存器中的值（ECX），而被取消的迭代数量等于 3 减去 ECX 寄存器中的值（3–ECX）。然后，数据传输完成。如果实际迭代数量大于 3，则取消 3 次已发射的迭代，并另外发射 8 次（或任何数量）迭代。或者不取消所述 3 次已发射的迭代，并基于 ECX 寄存器的值而发射额外的迭代。

然后检查 ECX 寄存器的值，看它是否小于 8。如果是，则执行或取消已发射的迭代。具体地说，执行 ECX 次迭代，并取消 8–ECX 次迭代。如果 ECX 不小于 8，则检查 ECX 以看它是否大于 8。如果 ECX 大于 8，则执行全部已发射的 8 次迭代，并发射且执行 ECX–8 次额外的迭代。如果 ECX 小于 8，则执行 8 次已发射的迭代。短重复串操作流程如图 2.23（a）所示。

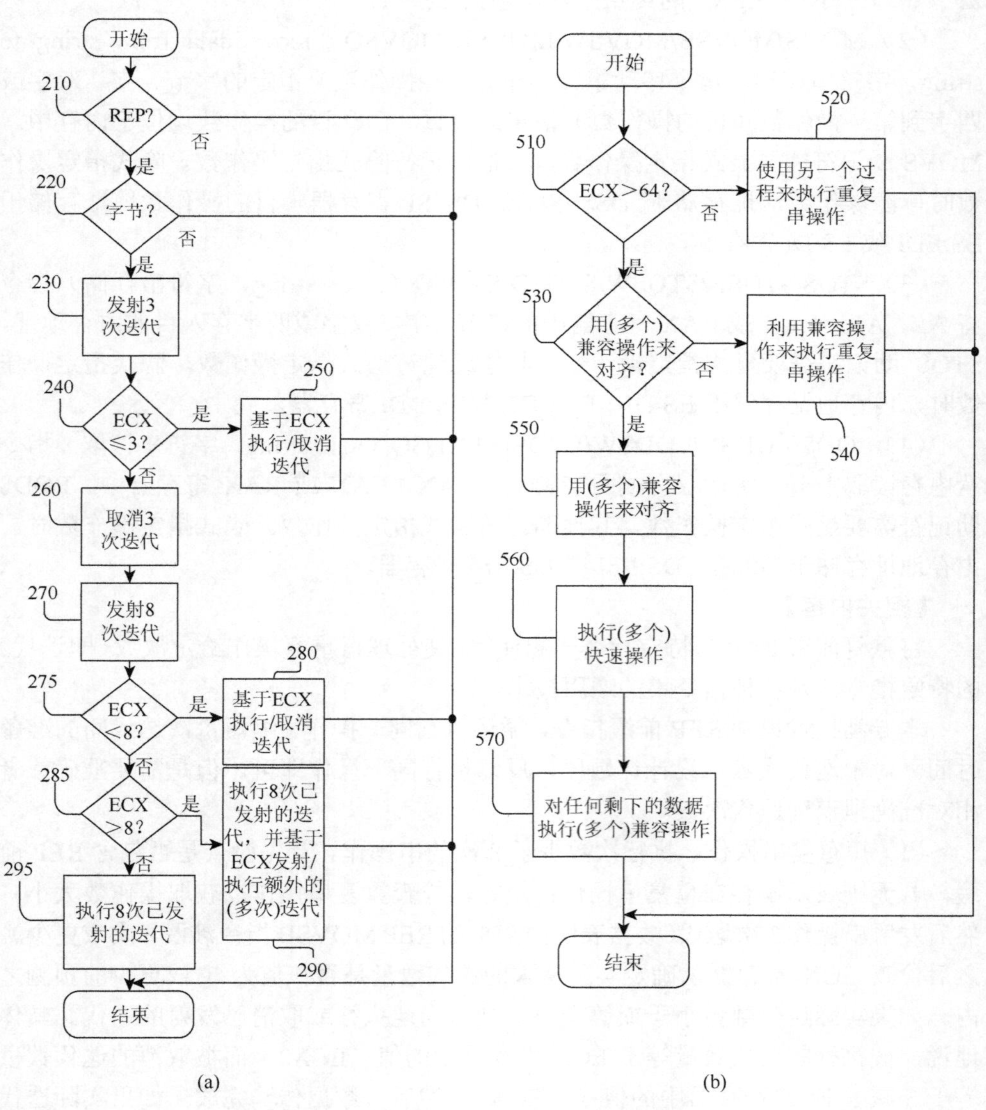

图 2.23　短重复和长重复串操作流程

（2）中长度重复串操作和长重复串操作：中长度重复串操作（迭代 64 次以内）、长重复串操作（迭代 64 次以上）与短重复串操作类似，不同之处在于当迭代次数以一定规模（如 64 次）执行完毕时，剩余小于该规模（例如，小于 64 的某个正整数）的重复串操作需要利用兼容操作来执行。例如，长重复串操作执行模式结束后，会改为中长度重复串操作模式，进而改为短重复串操作，直至所有数据执行完毕。长重复串操作流程见图 2.23（b）。

2.5.2　迭代指令计数

当处理器执行迭代指令时，由于可能出现的错误，执行可能在所有迭代完成前中断。在从错误中恢复后，为了完成之前中断的迭代指令，处理器需要重复执行该迭代指令中的所有迭代。这种重复执行的做法影响了处理器的性能。本节专利技术提出的技术可以使处理器在不重复执行的情况下，完成之前中断的迭代指令。

【相关专利】

US20070150705（Efficient counting for iterative instructions，2005 年 12 月 28 日申请，已失效）

【相关指令】

与 x86 通用指令集中 REP、REPE、REPZ、REPNE、REPNZ 指令相关。

【相关内容】

专利技术提出一种高效的机制来确定当前迭代指令已完成的迭代次数。当迭代指令被中断后，迭代次数信息可用于恢复迭代指令从上次中断的位置开始执行，而不必从头开始重新执行全部迭代。为了实现迭代指令计数，处理器核内需要一个前端计数器和一个后端计数器，分别用于记录一条迭代指令中已经取出的迭代次数和已经完成的迭代次数。

图 2.24 所示为使用计数器确定已完成迭代次数的流程图。初始时，前端计数器初始化为迭代指令需要的总迭代次数，后端计数器初始化为 0。当处理器核前端开始执行下一次迭代时，更新前端计数器；当处理器核后端完成一次迭代时，更新后端计数器。由于处理器核可能是乱序的，前端开始执行的迭代可能领先于后端已经完成的迭代。当迭代操作被中断后，处理器核的状态首先根据后端计数器中记录的实际完成的迭代次数进行更新。随后，重新初始化迭代计数器的值，后端计数器的值为 0，前端计数器的值为剩余的迭代次数，并恢复迭代指令的执行。

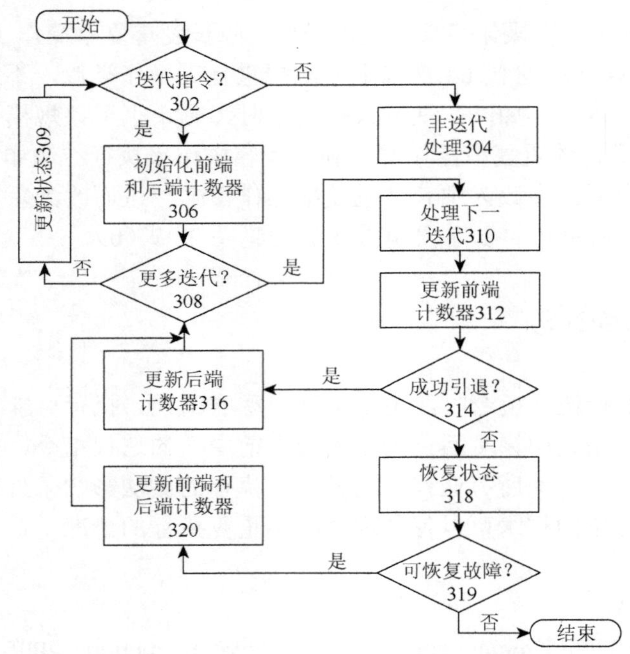

图 2.24　使用计数器确定已完成迭代次数的流程图

2.6　杂 项 指 令

《手册》中的杂项指令提供类似加载有效地址（load effective address，LEA）、执行空操作（no operation，NOP）以及 CPU 标识（CPUID）等功能。本节专利与 NOP 和 CPUID 指令相关。

2.6.1　CPUID 指令

本节专利涉及 CPU 特性及其标识（identification，ID）的识别，包括电路及软件流程。专利技术能识别初期的没有 CPUID 指令的处理器，也可识别将来的处理器。可以在启动阶段进行，也可以在程序运行阶段进行。处理器的 ID 可以用来识别处理器的产地（original）、家族（family，如 8086、286、386 或 486）、型号（model）和版本（version）等。不同的处理器有不同的特性，知道了处理器的 ID 就可以用合适的软件来很好地利用处理器的特性。例如，某些处理器有故障，就可以用软件的方法来规避。

【相关指令】

x86 指令集的 CPUID 指令读取 CPU 标识的信息以查看 CPU 的特性。指令根据 EAX 寄存器的值返回不同的处理器信息。8086 和 286 没有这条指令，386、486 系列部分支持该指令。奔腾以后的处理器均有这条指令。

1. 识别处理器

【相关专利】

（1）US5790834（Apparatus and method using an ID instruction to identify a computer microprocessor，1992 年 8 月 31 日申请，已失效）

（2）US5675825（Apparatus and method for identifying a computer microprocessor，1995 年 12 月 19 日申请，已失效）

【相关内容】

US5790834 专利介绍识别 CPU 的电路和过程。电路包括：①用于存放和读取 CPU 的 ID 的寄存器；②存放 ID 的只读存储器（read only memory，ROM），ROM 中的数据包括家族、型号、版本等信息，也保留了一些位用于后续扩展；③译码器用于对 ID 指令进行译码；④控制电路，用于执行 ID 指令、从 ROM 中读取 ID 数据并存放到寄存器等；⑤ID 标志位（ID flag）随机存取存储器（random access memory，RAM）用于表明是否存在 CPUID 指令；⑥控制 ROM 和微代码（microcode）存储器，以微代码来读 CPU 的 ID。

识别 CPU 的过程如下。

（1）查询处理器里面是否有 ID 标志位。没有 ID 标志位的处理器称为基本族（basic family），如 80286 及更早的处理器。有 ID 标志位的处理器称为先进族（advanced family），如 80386 及以后的处理器。

（2）执行一个标志位测试（flag test）指令序列来测试 ID 标志位，以确定是否有 CPUID 指令。没有 CPUID 指令的处理器称为第一组处理器，有 CPUID 指令的处理器称为第二组处理器。

（3）第一组处理器不执行 CPUID 指令。

（4）第二组处理器执行 CPUID 指令，以得到处理器的 ID 相关信息。相关架构如图 2.25 所示。

US5675825 专利说明书与 US5790834 一致，权利要求保护：①增加了处理器 ID 中包含的内容，除了之前的家族、型号和步进（stepping）编号之外，还增加了序列号（serial number）和特征（feature）；②指出控制逻辑可以选择使用或者不使用微代码来进行 CPU 的 ID 的识别。

2. 识别处理器特性和产地

【相关专利】

（1）US5958037（Apparatus and method for identifying the features and the origin of a computer microprocessor，1993 年 2 月 26 日申请，已失效）

（2）US5794066（Apparatus and method for identifying the features and the origin of a computer microprocessor，1996 年 5 月 7 日申请，已失效）

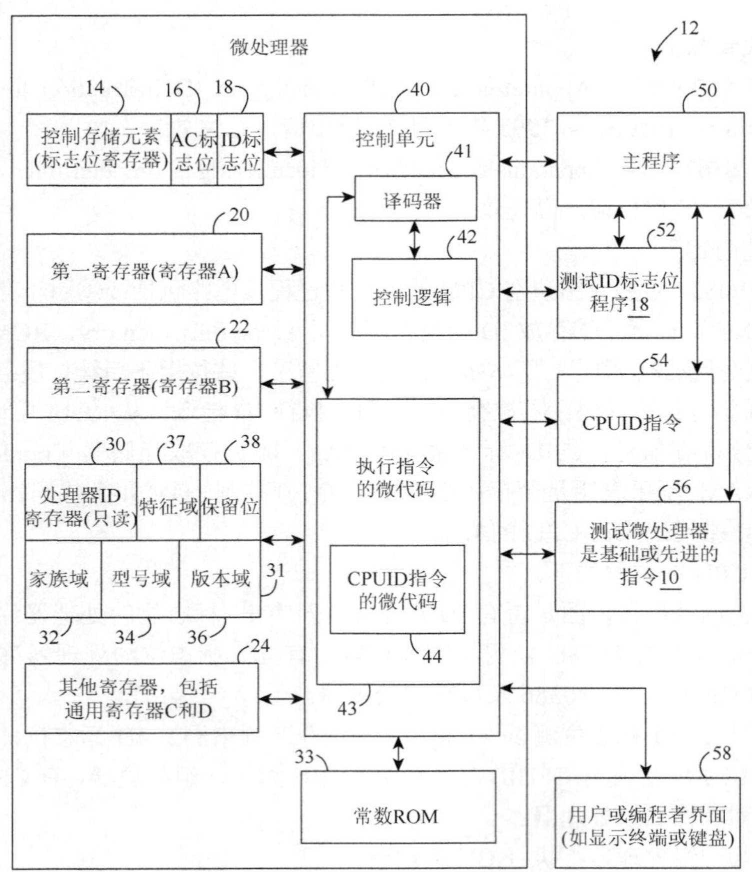

图 2.25 CPU 的 ID 识别的相关架构、电路图

【相关内容】

US5958037 专利在 US5790834 专利的基础上，把 ID 识别扩充为多层级识别过程以识别至少两类 ID 信息。第一类 ID 信息是处理器的产地，并说明此处理器有多少类信息。第二类 ID 信息包括家族、型号和步进编号等。这些信息放在 ROM 中的不同地址，需要多条指令来获取。识别过程如图 2.26 所示。

US5794066 专利保护的主要内容和 US5958037 的差异在于：①重点突出了多层次识别过程；②处理器的产地信息包含“Intel”字符，并且是以相反的顺序存储的，即 letnI。

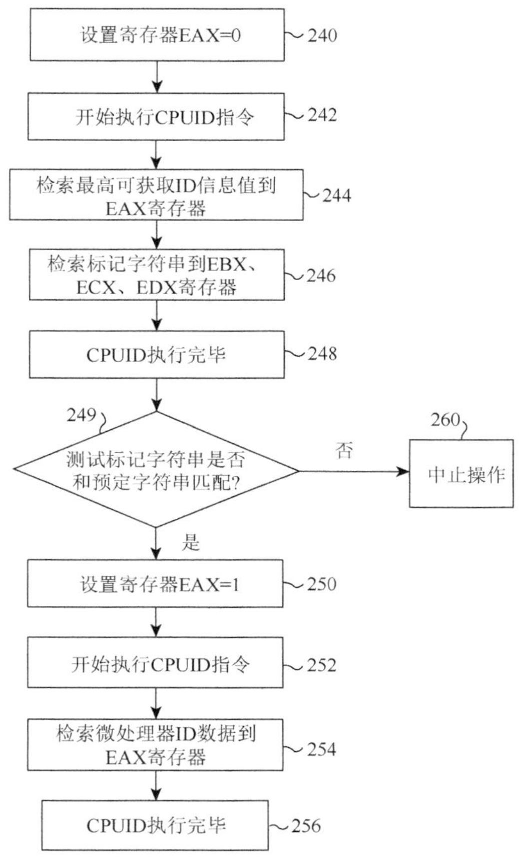

图 2.26　多层次 CPU 的 ID 识别过程

3. 软件方法识别处理器特性

【相关专利】

US5671435（Technique for software to identify features implemented in a processor，1995 年 6 月 28 日申请，已失效）

【相关内容】

US5671435 专利介绍 CPU 的 ID 只读寄存器堆的格式。根据这个 CPU 的 ID 寄存器的信息，处理器可以不使用微代码程序而是直接用普通指令（如读 CPU 的 ID 寄存器到通用寄存器堆）来进行 CPU 的 ID 的识别，简化了 CPU 的 ID 的识别过程。CPU 的 ID 寄存器组成和基础寄存器分配位如图 2.27 所示。

ID 寄存器堆包含一个基础寄存器、若干寄存器构成的处理器名称（name）信息，以及若干寄存器构成的处理器特征信息。基础寄存器包括的信息有：①家族；

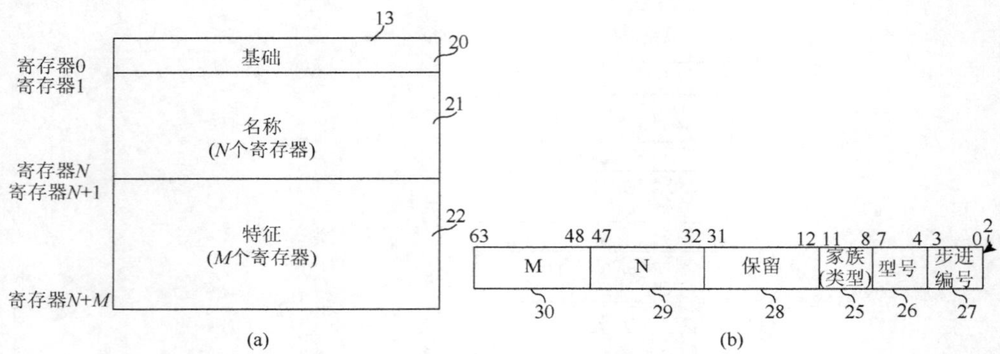

图 2.27　CPU 的 ID 寄存器组成和基础寄存器分配位

②型号，如 SX、DX 和 DX2 等，用来标识同一个家族的处理器中不同的时钟频率等；③步进编号，用来标识生产工艺、漏洞的处理等；④名称寄存器所占用的寄存器数量；⑤特征寄存器所占用的寄存器数量；⑥预留 20bit 用于其他需求。名称寄存器存放类似英特尔正式版（Genuine Intel）等名字。特征寄存器存放浮点单元、多媒体指令、指令集兼容性、异常处理等特征信息。

4. 识别最高主频

【相关专利】

US6857066（Apparatus and method to identify the maximum operating frequency of a processor，2001 年 11 月 16 日申请，已失效）

【相关内容】

US6857066 专利用于识别处理器最高主频，属于 CPUID 类指令。该专利技术通过读取基本输入输出系统（basic input output system，BIOS）中的字符串，通过公式“$\text{FREQ}\times 10^{6/9/12}$ = 最高频率”计算出处理器最高主频。示例的更详细识别流程如图 2.28 所示。

2.6.2　NOP 指令

NOP 指令是计算机系统指令集中的一类必不可少的特殊指令。本节对基于 NOP 指令实现的特殊操作进行介绍，包括指令集兼容性的实现、低功耗控制、操作数扩展以及指令集转换等。奔腾处理器即支持该指令。

【相关指令】

x86 指令集的 NOP 指令不进行任何操作，只使程序计数器（program counter，PC）加 1。NOP 指令没有操作数，占用一个机器周期。英特尔指令集中总共预留

8 条单字节和多字节 NOP 指令，用于占用指令流内的空间。

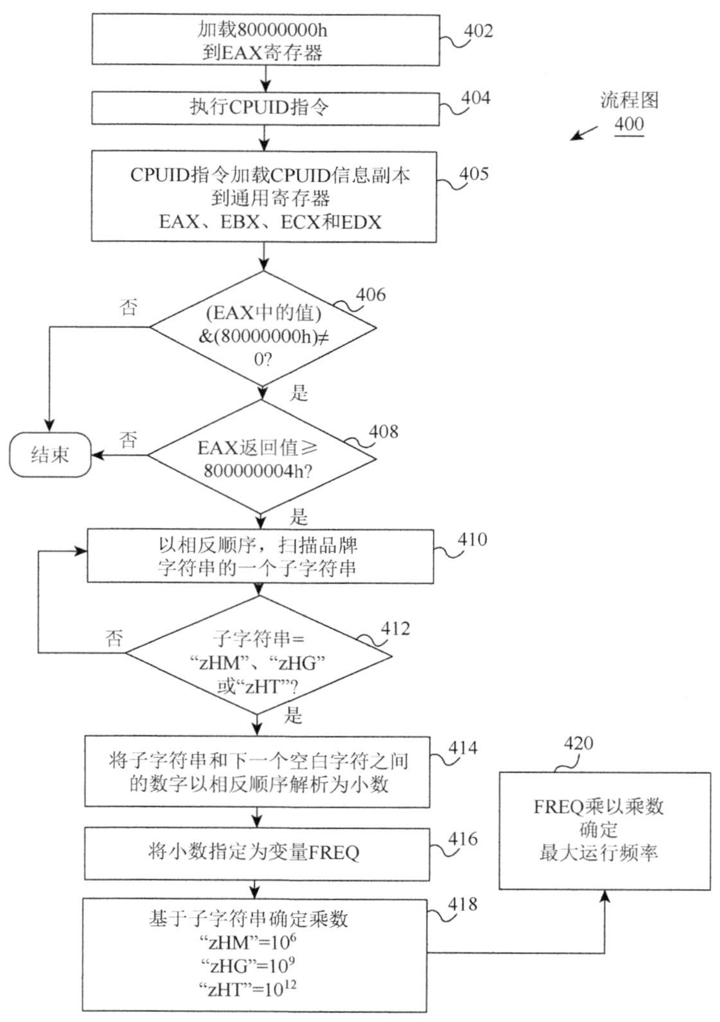

图 2.28　识别处理器最高主频

1. 指令集兼容性

【相关专利】

US5701442（Method of modifying an instruction set architecture of a computer processor to maintain backward compatibility，1995 年 9 月 19 日申请，已失效）

【相关内容】

原先的兼容性能保证旧的程序能在新的处理器上运行，但是新的处理器程序由于会增加一些新的指令，所以不一定能在旧的处理器上运行。US5701442专利技术旨在解决指令集在新旧版本处理器上的兼容性问题。其思路是在处理器指令中定义几个没有任何功能的 NOP 指令，其中每个 NOP 指令具有不同的操作码。在设计新的处理器时，就能利用预留的这些 NOP 指令操作码设计一些新的有意义的指令。这样，新的程序能同时运行在原来的处理器及新的处理器上，在原来的处理器上是空的 NOP 功能，在新的处理器中有实际的功能。逻辑框图如图 2.29 所示。P_6 处理器使用的 ISA_6 指令集在前一代旧指令集 ISA_5 的基础上新增了 IS_k 指令集，其中保留指令 I_j～I_{j+7} 为 NOP 指令集（仅示例，并未限定为 8 条）。

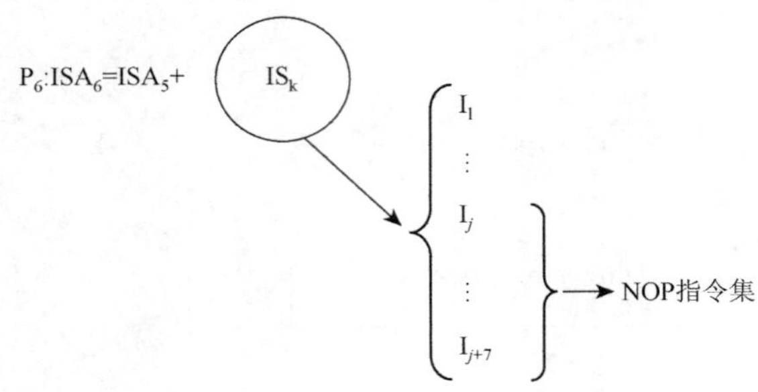

图 2.29　NOP 指令集

2. 功耗控制

【相关专利】

US5825674（Power control for mobile electronics using no-operation instructions，1995 年 11 月 28 日申请，已失效）

【相关内容】

US5825674 专利技术用编译器自动生成“改动后的 NOP 指令”，这些指令被插入程序中，在不影响程序结果的前提下，能够关闭与附近指令不相关的硬件部件，以降低功耗。但是需要修改译码器来识别这些 NOP 指令。因此，对于不支持内在结构分析的处理器架构，这些特别的 NOP 会被识别为普通 NOP，不影响程序结果，用于 IA-32 架构。

3. 操作数扩展

【相关专利】

US6957321（Instruction set extension using operand bearing NOP instructions，2002 年 6 月 19 日申请，已失效）

【相关内容】

现有处理器执行部件通常支持 N 个操作数的指令，有些情况下也会支持操作数的数量超过 N 个的指令。对于此类指令，US6957321 专利技术使用带有操作数的 NOP 指令、用来将操作数信息传递到 NOP 操作码前面或后面的其他指令，以达到支持多于 N 个操作数的执行的目的。指令格式如图 2.30 所示。

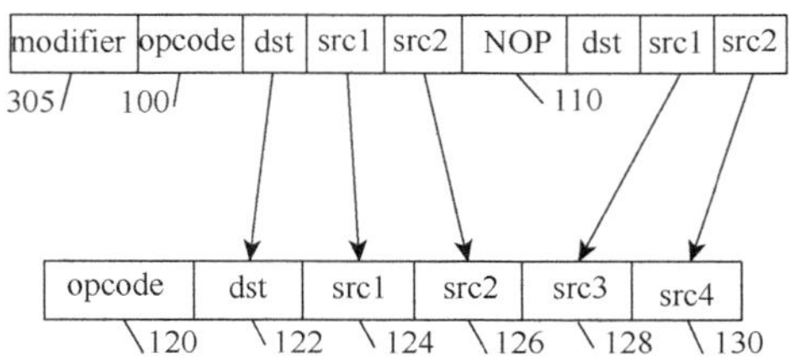

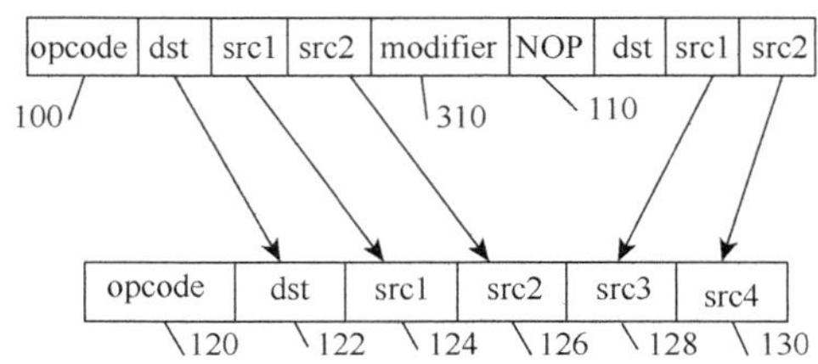

图 2.30　带操作数的 NOP 指令替换

2.7　用户模式扩展状态保存和恢复

传统系统中，操作系统在进程上下文切换时通常只保存处理器的体系结构级状态，而不保存微体系结构级状态。体系结构级状态包含进程不可或缺的应用程序可见的寄存器，微体系结构级状态包含重排序缓冲器、引退寄存器和性能监视计数器这些应用程序不可见的状态。微体系结构级状态影响进程的性能和功耗管理，如果不保存这些信息，上下文切换后这些信息就会丢失并重新统计，影响系统的性能和功耗。本节专利技术提出在上下文切换时保存微体系结构级状态的方法，以解决上述问题。

【相关专利】

US20140006758（Extension of CPU context-state management for micro-architecture state，2012 年 6 月 29 日申请，预计 2032 年 6 月 29 日失效）

【相关指令】

与 x86 系统指令中的 XSAVE、XSAVEC、XSAVEOPT、XSAVES、XRSTOR、XRSTORS 指令的实现方法相关。

（1）XSAVE（save processor extended states to memory，保存处理器扩展状态到内存）。

（2）XSAVEC（save processor extended states with compaction to memory，保存处理器扩展状态并将其压缩到内存中）。

（3）XSAVEOPT（save processor extended states to memory，optimized，保存处理器扩展状态到内存，优化）。

（4）XSAVES（save processor supervisor-mode extended states to memory，保存处理器管理模式扩展状态到内存）。

（5）XRSTOR（restore processor extended states from memory，从内存恢复处理器扩展状态）。

（6）XRSTORS（restore processor supervisor-mode extended states from memory，从内存恢复处理器管理模式扩展状态）。

【相关内容】

专利技术提出的 XSAVE 和 XRSTOR 指令，可以同时保存和恢复体系结构级与微体系结构级状态。保存微体系结构级状态所需的存储空间，可以从原本用于保存体系结构级状态的存储空间扩展而来。

图 2.31 为保存微体系结构级状态的处理器逻辑框图，所示处理器的微体系结构级状态 122 包含功耗管理硬件 110 收集到的数据。在发生上下文切换时，指令处理装置 115 执行 XSAVE 指令，使体系结构级状态 121 和微体系结构级状态 122 同时存入主存储器 125 中。在恢复上下文时，指令处理装置 115 执行 XRSTOR 指令，使体系结构级状态 121 和微体系结构级状态 122 同时从主存储器 125 中读出并恢复。恢复的体系结构级状态 121 装入应用程序可见的寄存器中，恢复的微体系结构级状态 122 装入功耗管理硬件 110 的内部存储器中。

图 2.32 所示为保存体系结构级和微体系结构级状态的内存分配情况。体系结构级和微体系结构级状态保存于内核占用的内存 250 中，应用程序不能对内核内存进行修改。操作系统分别为每个进程分配保存体系结构级状态和微体系结构级状态的存储空间。

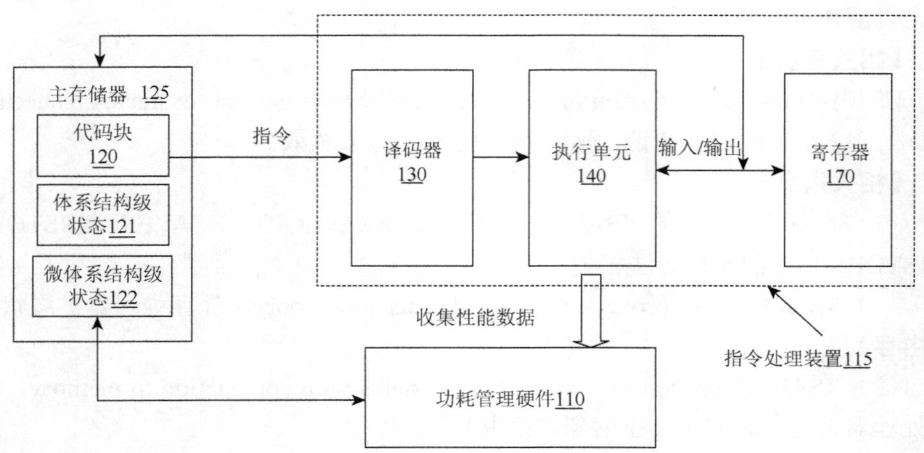

图 2.31　保存微体系结构级状态的处理器逻辑框图

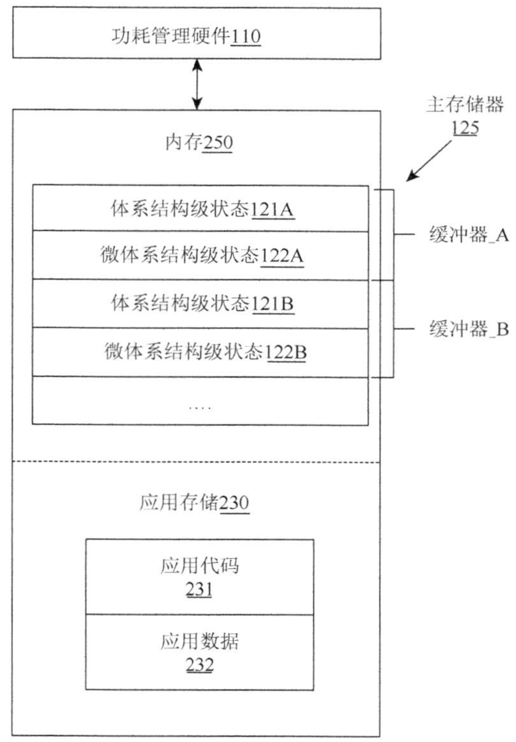

图 2.32　保存体系结构级和微体系结构级状态的内存分配情况

2.8　通用指令集增强 BMI

英特尔公司在 2013 年推出的 Haswell 微结构中，除了 AVX2 指令集，还添加了一些指令对通用指令集做了增强以支持 64 位操作，主要包含 BMI 和 INVPCID 指令。BMI 是对整型数据按位操作的指令的集合。INVPCID 和无效的进程上下文指示器相关，用于指示 TLB 和页高速缓存中无效的实体（entries）。除了 INVPCID 指令和 BMI 中的 LZCNT（前导零计数）和 TZCNT（尾数零计数）指令以外，本次新增加的其他指令均采用 VEX 前缀编码（VEX-prefix encoding）格式，以支持三操作数和不破坏源操作数语法。

BMI 按照应用分为如下四大类。

（1）比特封装/解析：BZHI、SHLX、SHRX、SARX、BEXTR。

（2）变量比特长度流解码：LZCNT、TZCNT、BLSR、BLSMSK、BLSI、ANDN。

（3）比特聚合/分散：PDEP、PEXT。

（4）随机精度算法和散列：MULX、RORX。

本节的指令对应专利最早申请时间集中在 2009 年 12 月，比指令集应用推出早了四年左右。其中 2.8.1 节～2.8.3 节专利中的相关指令在《手册》中可查到，2.8.4 节和 2.8.5 节专利相关指令操作并未在《手册》推出或应用，2.8.6 节描述前缀控制不修改标志位和条件执行。

2.8.1　位范围隔离指令

位范围隔离指令可以完成字段提取操作（有些需要配合位移操作等）。这种字段提取在各种数据解压缩、压缩和解码算法，如霍夫曼（Huffman）、莱斯（Rice）和伽马（Gamma）编码中有用。

【相关专利】

US9003170（Bit range isolation instructions，methods，and apparatus，2009 年 12 月 22 日申请，预计 2029 年 12 月 22 日失效，中国同族专利为 CN 102109977 B）

【相关指令】

（1）BLSI（extract lowest set bit，提取最低置位比特）将源操作数中为 1 的最低位对应的目的操作数对应位设置为 1，目的操作数其他位设为 0。

（2）BLSR（reset lowest set bit，清零最低置位比特）指令将源操作数复制到目的操作数，并清零（0）源操作数对应最低置位（1）的位。如果源操作数为 0，则 CF 标志位置 1。具体实现方法之一是将源操作数和源操作数减 1 的数按位与，即(src−1)bitwise AND(src)。

（3）BZHI（zero high bits starting from specified bit position，从指定位位置开始将高位归零）指令将第一源操作数（第二操作数）复制到目的操作数（第一操作数），并且根据第二源操作数（第三操作数）7 到 0 位指定的索引值（index）清除目的操作数中较高位的值。具体如下：如果索引值比目的操作数/第一源操作数尺寸小，则清除目的操作数中从索引值对应位到较高位的值，且 CF 标志位置 0；否则，仅将 CF 标志位置 1。

【相关内容】

已知的一种位操作指令是 EXTR 指令，即提取指令。提取指令用于提取由两个立即数指定的位字段，并将所提取的位字段右移，让目的位字段右对齐。这种操作在单个指令中除提取位字段之外，还将所提取的位字段移位，这会限制操作的速度或效率，而且许多指令集已具有可与位范围隔离指令分开使用的专用移位操作。其他位操作指令依赖于长等待时间的查找表。因此需要新的数据操作指令满足快速和高效处理数据的要求。

本专利描述了位范围隔离指令示例的流程图、装置框图和操作示例等，并主要讲解了 BZHI 指令。

专利中给出的位范围隔离指令完成的操作如下：响应于位范围隔离指令的执行，将结果存储在目的操作数中。该结果操作数有：①第一位范围，具有由该指令指定的一端，其中各个位的值与源操作数在相应位置中的位的值相同；②第二位范围，不管源操作数在相应位置中的位的值如何，其所有位都具有相同值，并且在不移动第一范围的情况下完成该指令的执行。

图 2.33 是以源和目的操作数为 8 位为例的位范围隔离指令装置框图，包含对位范围隔离指令进行译码的译码器、指令执行单元及寄存器。寄存器集合中第一位范围为低三位，目的操作数对应位保持和源操作数一致。第二位范围为高五位，可见目的操作数对应位为全 0。

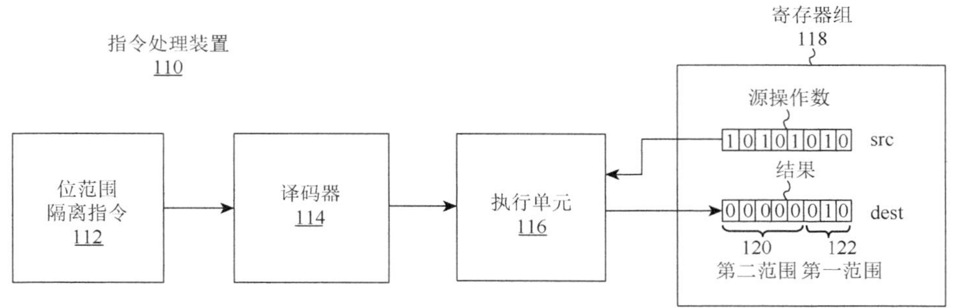

图 2.33　位范围隔离指令装置框图

图 2.34 给出了位范围隔离指令的一个示例，即 BZHI 指令的描述和伪代码。专利描述的 BZHI 指令内容和《手册》中相关内容一致。专利中还给出了执行位范围隔离逻辑的示例，如图 2.35 所示。如果 8 位位置值由指令第二源操作数制定，译码器为高有效逻辑，逐位运算逻辑为“与”，则该装置可完成 32 位 BZHI 操作。

指令	描述
BZHI——将以指定位的位置起始的高位归零	BZHI将第二操作数的位复制到目标中，并将从由第一操作数的8个低位中所包含的数字所指定的位的位置起直到操作数大小的最大值的所有较高位都置0。如果第一操作数的8个低位中所包含的数字大于操作数大小，则进位标志被置位。缺省操作数大小是32位。64位操作数大小是可编码的。 指令之前的66h前缀字节将导致#UD

```
N←DEST[7:0]
DEST←SRC
IF(N<操作数大小)
  DEST[操作数大小1:N]←0
FI
IF(N>操作数大小)
  CF←1
ELSE
    CF←0
FI
```

图 2.34　BZHI 指令描述和伪代码

#UD 指无效的操作码异常

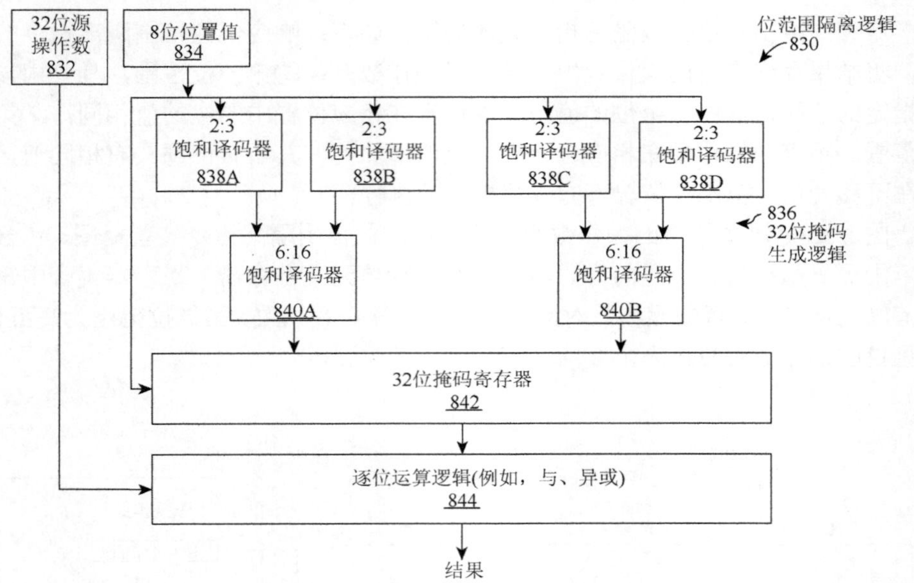

图 2.35　执行位范围隔离指令的装置

虽然专利中明确描述的助记符只有 BZHI，但根据专利权利要求技术方案，BLSI 和 BLSR 指令也落入本专利的保护范围，下面给出这几条指令 32 位操作寄存器的示例，并根据专利指示出对应的第一、第二范围。

BLSI 指令查找到源操作数中被设置为“1”的最低位，将目的操作数中对应的位设置为 1，其他的所有位设置为 0。如图 2.36 所示，最低的“1”为位[7]。图中的第一范围也可理解为[7:0]位。

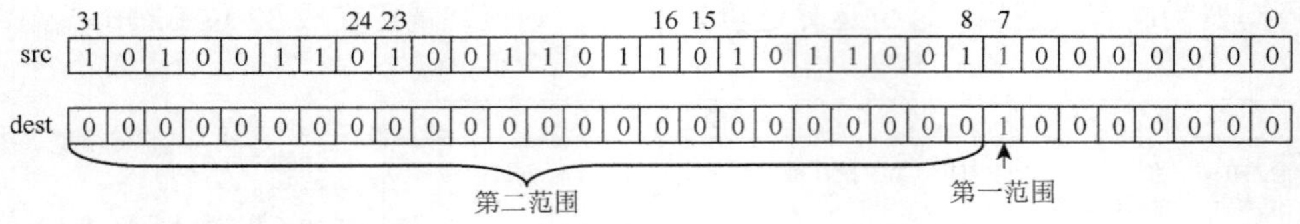

图 2.36　BLSI 指令操作寄存器示例

BLSR 指令将源操作数复制到目的操作数，并将目的操作数对应源操作数中为 1 的最低位及以下位清零。如图 2.37 中的最低“1”为位[7]，指令将位[7:0]清零，其他位不变。

BZHI 由第二源操作数位[7:0]定义的索引值指定清零起始位，图 2.38 给出的示例中，指令给出的索引值为 00000111_2，即十进制数 7，可见，从位[7]往高位清零，位[6:0]和源操作数对应位一致。

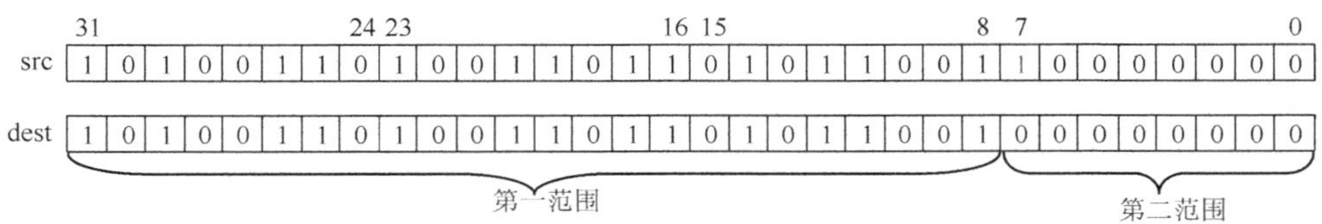

图 2.37　BLSR 指令操作寄存器示例

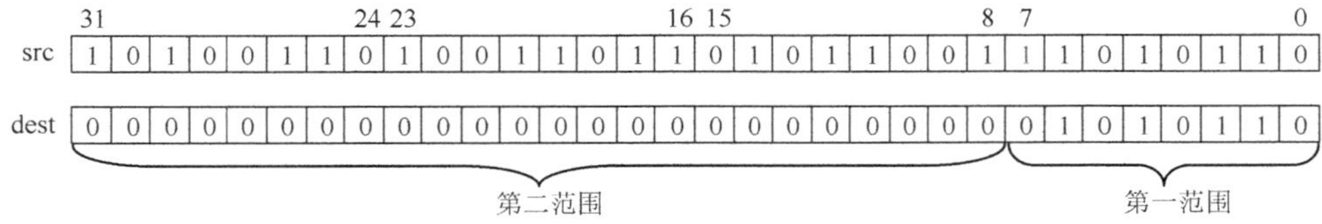

图 2.38　BZHI 指令操作寄存器示例

2.8.2　增强的整数乘法指令

MULX 是不影响算术标志位的无符号乘法指令。MULX 指令和一些 BMI 指令配合可以用软件方法加速超过 128 位整数的计算。此类计算有模幂运算、加密算法、公钥加密、安全套接层协议、因特网协议安全、因特网协议版本 6 以及一些不需要加密的算法。

【相关专利】

US20110153994（Multiplication instruction for which execution completes without writing a carry flag，2009 年 12 月 22 日申请，预计 2029 年 12 月 22 日失效）

【相关指令】

MULX（unsigned multiply without affecting arithmetic flags，不影响算术标志位的无符号乘法）指令把隐式源操作数（EDX/RDX）和给定的源操作数（第三操作数）做无符号乘法，把乘积低的一半存放在第二目的操作数（第二操作数），高的一半存放在第一目的操作数（第一操作数），并且不对算术符号位做读写。

【相关内容】

专利描述了一种执行乘法但同时不写入 CF 标志位的方法、设备和指令 MULX。专利中给出的 MULX 指令的描述和伪代码原文如图 2.39 所示，和《手册》中 MULX 指令的相关描述一致。

图 2.40 是专利给出的 MULX 指令执行装置的逻辑框图。乘法指令执行结果不影响进位标志位，其中译码器 104 不是必需部件。

专利中还给出了两个尺寸大于 64 位的实数相乘的执行过程的示例。当操作数（乘数或被乘数）尺寸大于 64 位时，一个寄存器放不下一个操作数，因此需要把乘数或被乘数分成至少两部分，放在至少两个寄存器中，然后通过至少两条乘法指令各自运算乘积，最后可以用加法指令将乘积相加得到需要的结果。如果运算使用修改进位标志位的乘法指令 MUL，可能需要在加法指令执行前添加额外的移动类指令，这样增加了大尺寸实数乘法的运算时间，而本专利技术提出的新指令 MULX 可以直接和加减法指令混用，因此可以节省大尺寸实数运算的时间。

指令	描述
MULX——不影响标志位的无符号乘法指令	对第一个源操作数和第二个源操作数执行无符号乘法，并在不读取或写入算术标志位的情况下存储目的操作数。这使高效编程成为可能，软件可以交错进行。加法运算和进位运算以及乘法运算。RDX/EDX寄存器用作隐式源。RAX/EAX寄存器是隐式的低64/32位结果的目的地。高64/32位的结果被写入显式编码的目的寄存器操作数。

```
IF(操作数大小 = 32)
   EAX←(EDX*SRC)[31:0]
   DEST←(EDX*SRC)[63:32];
ELSEIF(操作数大小 = 64)
   RAX←(RDX*SRC)[63:0];
   DEST←(RDX*SRC)[127:64];
FI
```

图 2.39　MULX 指令描述和伪代码

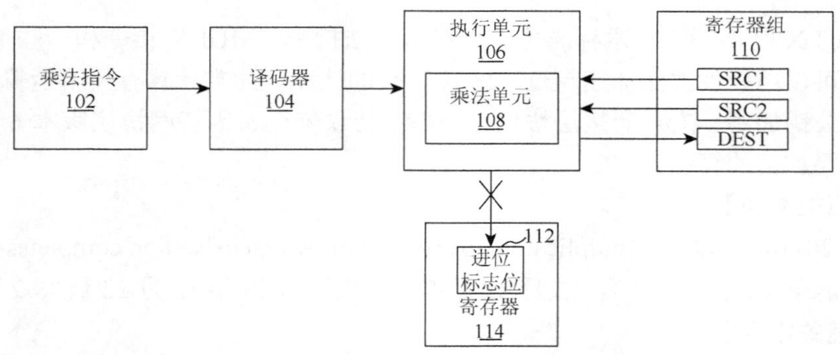

图 2.40　MULX 指令执行装置

2.8.3　增强的循环移动指令

在因特网和其他网络交易过程中，计算机或加密设施会使用散列算法和加密算法，而这些算法中至少 10%的指令是循环指令。此外，在数据压缩和解压缩、数据扰码和解扰码等领域，循环指令也有广泛的应用。因此，提高循环指令的执行速度会对算法执行的总速度产生重大影响。

【相关专利】

（1）US8504807（Rotate instructions that complete execution without reading carry flag，2009 年 12 月 26 日申请，预计 2032 年 1 月 18 日失效，中国同族专利为 CN 102109976 B）

（2）US9164762（Rotate instructions that complete execution without reading carry flag，2013 年 7 月 22 日申请，预计 2029 年 12 月 26 日失效）

【相关指令】

RORX（rotate right logical without affecting flags，不影响标志位的循环右移逻辑）指令，《手册》中定义为将第二操作数循环右移立即数 imm8 次的值存入第一操作数，并且不影响算术标志位。

【相关内容】

专利指出循环指令，如英特尔 x86 架构的 ROR 指令（影响标志位的循环右移逻辑），执行时读取进位标志位要花时间，但进位标志位等算术标志位经常不被循环指令所使用。对标志位的依赖导致了指令只能串行执行，即指令串行化。这种串行化常常妨碍并行处理、无序执行和预测执行。因此，不读取标志位循环指令有助于提高循环指令的执行速度，能加快使用较大比例的逻辑指令和循环指令的散列算法和加密算法。

本节专利技术保护了执行循环指令的方法，包括：接收指示了目的操作数、源操作数和循环量的循环指令；将经过循环量循环的源操作数存储在目的操作数中；完成该循环指令的执行而不读取或写入算术标志位。循环量可以由立即数（imm8）指定，也可以是隐式或显式的第二源操作数。

图 2.41 和图 2.42 是专利中给出的一个示例：RORX 指令的相关描述、伪代码和执行装置。指令描述和《手册》一致。

指令	描述
RORX——不影响标志位的向右循环逻辑	向右循环第一操作数的循环位达imm8次而不影响算术标志位。 指令不读出或不写入算术标志位。默认操作数大小为32位。64位操作数大小使用REX.W = 1。该指令前66H的前缀字节将造成#UD。指令不影响任何算术标志。

```
IF(操作数大小=32)
   y←imm8 AND 1FH ;
   DEST←(SRC>>y)|(SRC<<(32-y));
ELSEIF(操作数大小 = 64)
   y←imm8 AND 3FH:
   DEST←(SRC>>y)|(SRC<<(64-y)):
ENDIF
```

图 2.41　RORX 指令的相关描述和伪代码（专利）

专利保护范围比英特尔的 RORX 指令范围大，因为专利独立权利要求保护的技术方案中并未限定右移。US9164762 是 US8504807 的续案申请专利，US8504807 保护的范围是 RORX 指令执行完时不读和写算术标志位，包括进位、溢出、符号、零、辅助进位、奇偶标志位；而 US9164762 保护的范围是 RORX 指令执行完时不读进位标志位。

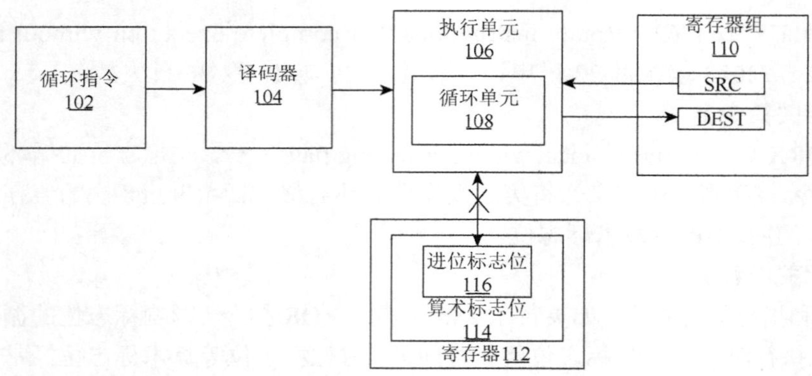

图 2.42　RORX 指令执行装置

2.8.4　三操作数加法指令

三操作数的加法指令可以用在各类不同类型的算法中，如模幂、密码术、公钥加密、传输层安全、安全套接层协议、网际协议安全等，有助于极大地提高大数字乘法的速度和效率。

【相关专利】

（1）US8549264（Add instructions to add three source operands，2009 年 12 月 22 日申请，预计 2032 年 7 月 31 日失效，中国同族专利为 CN 102103486 B）

（2）US8738893（Add instructions to add three source operands，2013 年 3 月 13 日申请，预计 2029 年 12 月 22 日失效）

【相关指令】

本节相关专利和增强通用指令集相关专利同期申请。《手册》中未公开专利中的下列相关操作指令。

（1）ADD3 指令是三个操作数的无符号整数加法指令。

（2）ADOC3 指令是三个操作数的带 OF 或 CF 标志位的无符号整数加法指令。

【相关内容】

本组专利发明了三操作数加法指令，其结果部分存储在目的操作数和部分存储在一个或多个标志位中，指令包括 ADD3 和 ADOC3。执行 ADD3 和 ADOC3 指令的装置示例如图 2.43 所示。

ADD3 指令可以将三个操作数的无符号整数相加。ADOC3 指令可以将三个操作数的带 OF/CF 标志位的无符号整数相加。ADD3 和 ADOC3 指令描述和操作伪代码分别如图 2.44 和图 2.45 所示。

ADD3 和 ADOC3 操作数编码如图 2.46 所示，其中操作数 1 和 2 是显式操作数；操作数 3 是隐式操作数，在 32 位模式为 EAX 通用寄存器，在 64 位模式为 RAX 通用寄存器。

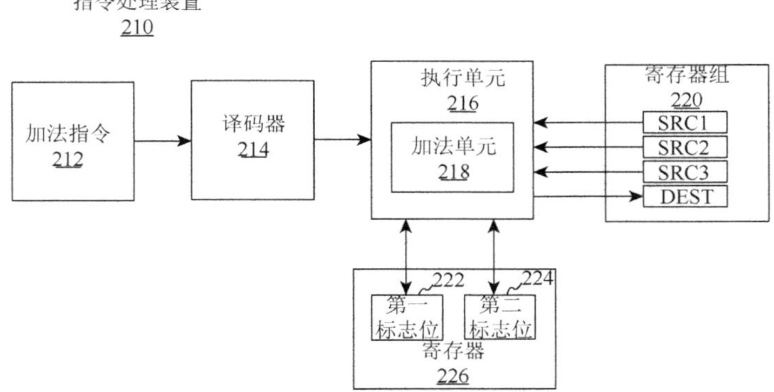

图 2.43 三操作数加法处理装置框图

指令	描述
ADD3——三个操作数的无符号整数加法	执行三个无符号整数操作数的无符号加法。RAX/EAX寄存器用作隐式源操作数。默认操作数大小为32位。64位操作数大小使用REX.W = 1。在64位模式下，ADD3将CF和OF标志位结合起来使用，以分别表示所得总和的比特[64]和比特[65]。在32位模式下，ADD3将CF和OF标志位结合起来使用，以分别表示所得总和的比特[32]和比特[33]。该指令之前的66H的前缀字节将导致#UD。

```
IF(操作数大小=32)
    TEMP[33:0]←DEST+EAX+SRC
    DEST←TEMP[31:0]
    CF←TEMP[32]
    OF←TEMP[33]
ELSE
    IF(操作数大小 = 64)
       TEMP[65:0]←DEST+RAX+SRC
       DEST←TEMP[63:0]
       CF←TEMP[64]
       OF←TEMP[65]
    FI
```

图 2.44 ADD3 指令描述和操作伪代码

指令	描述
ADOC3——带OF/CF标志位的三个操作数的无符号整数加法	执行带OF标志位和CF标志位的三个无符号整数操作数的无符号加法。RAX/EAX寄存器用作隐式源操作数。默认操作数大小为32位。64位操作数大小使用REX.W=1。在64位模式下，ADOC3将CF和OF标志位结合起来使用，以分别表示所得总和的比特[64]和比特[65]。在32位模式下，ADOC3使用CF和OF标志位分别表示总和的比特[32]和比特[33]。ADOC3使用CF和OF作为源操作数并将它们组合成总和。输入OF和CF值没有限制；若两个标志位皆为1，则指令的结果被理想地正确定义，因为所生成的最大值将不导致溢出。该指令之前的66H的前缀字节将导致#UD。

```
IF(操作数大小 = 32)
   TEMP[33:0]←DEST+EAX+SRC+(2*OF)+CF
   DEST←TEMP[31:0]
   CF←TEMP[32]
   OF←TEMP[33]
ELSE
    IF(操作数大小 =64)
    TEMP[65:0]←DEST+RAX+SRC+(2*OF)+CF
    DEST←TEMP[63:0]
    CF←TEMP[64]
    OF←TEMP[65]
  FI
FI
```

图 2.45 ADOC3 指令描述和操作伪代码

本专利发明的加法指令应用于包含大数字乘法的各类算法中，能有助于提高大数字乘法的速度和效率。一个 256 位无符号整数被分成 4 个四字无符号整数，按照图 2.47 的方式存储（多字向量）在 4 个 64 位寄存器中。

操作数1	操作数2	操作数3	操作数4
ModRM:reg(R,W)	ModRM:r/m(R)	隐式EAX/RAX(R)	不适用

图 2.46　ADD3 和 ADOC3 操作数编码

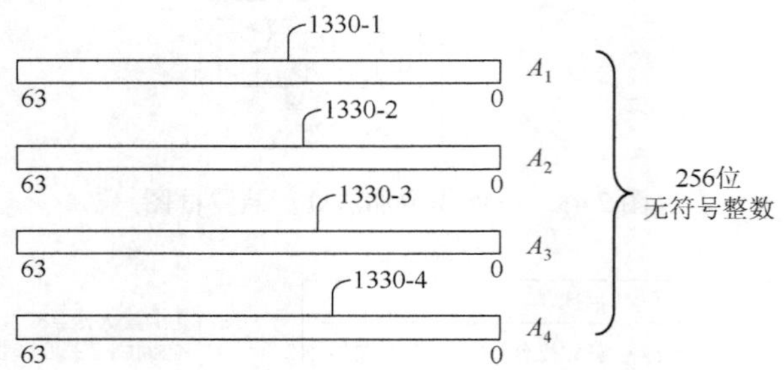

图 2.47　256 位无符号整数存储（多字向量）

256 位无符号整数的多字向量乘以 64 位无符号数（B_1），进行关联部分乘积加法的两种方法如图 2.48 所示，其中每个箭头指示一条指令。图 2.48（a）采用两操作数加法 ADD/ADC，需要 9 条指令；图 2.48（b）采用本专利发明的三操作数加法 ADD3/ADOC3，仅需要 5 条指令。此外，前者的加法需要是带进位加法，也导致指令无法并行化；而需维护的临时数据也增加了寄存器资源的使用。因此，该指令的使用有助于减少需要译码和缓存等操作的指令数量，以及避免额外的存储器访问。

专利 US8549264 权利要求保护了执行以上三操作数加法的方法、装置和系统，其中并未限制操作数类型和字长。专利 US8738893 是 US8549264 的续案申请，对前者的寄存器、操作数类型（整型）、字长（不小于 32 位）进行了限定，权利要求范围有所缩小。

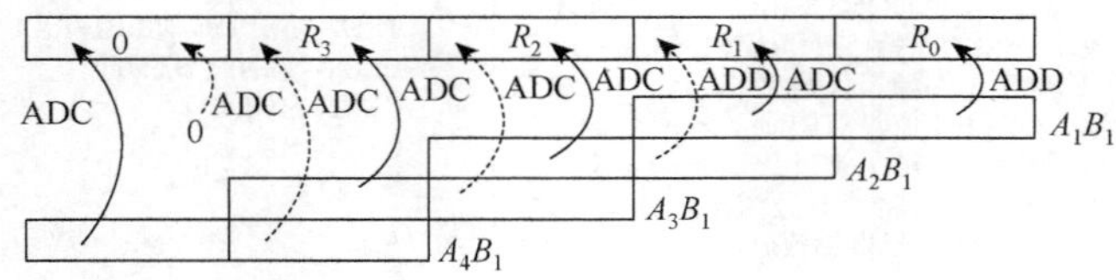

(a)

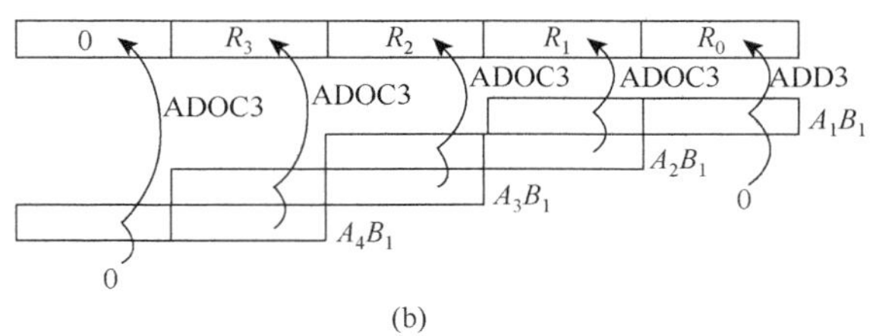

(b)

图 2.48　两种部分乘积相加方法

2.8.5　通用逻辑运算指令

逻辑运算是处理器中一种很常见的操作。传统的逻辑运算指令只能完成最基本的逻辑操作，许多稍微复杂但又很常用的逻辑运算必须使用多条逻辑运算指令才能实现。例如，下面的逻辑运算：

dest =（src1 AND dest）OR（src2 AND（NOT dest））

这个逻辑运算虽然比较复杂但有广泛的用途，其功能是在目标寄存器的控制下，把 src1 和 src2 合并到一起。如果上述逻辑运算能够用一条指令实现，将提高程序的执行速度。本节提出通用逻辑运算实现方法，允许只用一条指令实现各种相对复杂的逻辑操作。

【相关专利】

US8539206（Method and apparatus for universal logical operations utilizing value indexing，2010 年 9 月 24 日申请，预计 2031 年 11 月 16 日失效，中国同族专利为 CN 103109261 B）

【相关指令】

专利技术虽未限定在通用寄存器中进行，但和 BMI 推出的数据按位操作指令类似，专利申请时间也比较接近。《手册》中未公开专利中的相关操作指令。

【相关内容】

该专利详细说明了通用逻辑操作的原理和实现方法，也结合实例介绍了使用该方法的处理器和系统结构。

普通的逻辑运算指令接收参与逻辑运算的数据作为操作数，需要进行的逻辑运算的类型由操作码指定。本专利提出的通用逻辑操作除了接收参与运算的数据外，还要接收一个立即数。这个立即数相当于所要执行逻辑操作的真值表。这样，通过改变逻辑运算指令接收的立即数的值，就可以实现任意类型的逻辑运算，包括逻辑与、或、异或、取反、选择、投票等。

图 2.49 所示为通用逻辑操作执行过程的一个示例，从中可以看出立即数如何发挥真值表作用。示例中有三个源操作数，以它们的最高位为例，三个源操

作数的最高位组成了 010。010 即十进制数的 2，因此立即数下标为 2 的比特所对应的值即为逻辑运算的结果，写入目的寄存器中。由此可见，立即数的下标代表的是输入比特的所有可能组合，而下标对应的值则表示每种输入比特组合所产生的运算结果。因此，立即数可以看成在本次逻辑操作中发挥了真值表的作用。

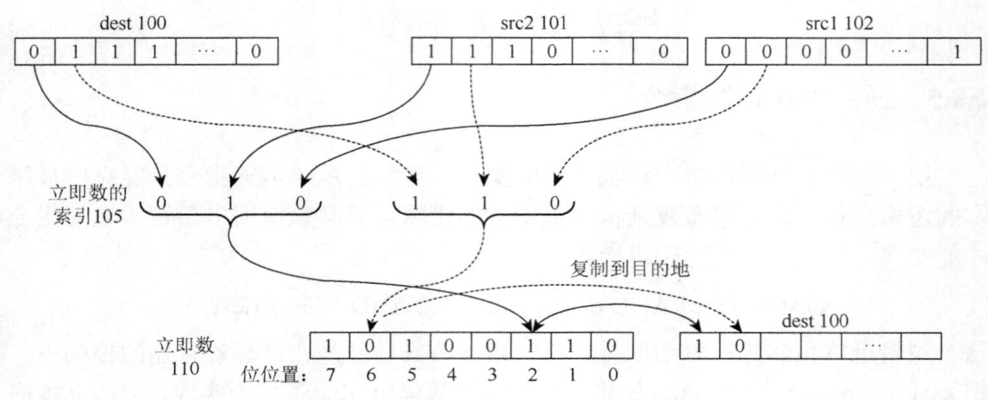

图 2.49 通用逻辑操作执行过程示例

2.8.6 前缀控制的不修改标志位和条件执行

使用通用寄存器的大多数操作在把结果写入目的寄存器的同时会修改算术标志寄存器。例如，加法指令 ADD 在把计算结果写入目的寄存器时会修改标志寄存器（如 OF、SF、ZF、AF、CF 和 PF 标志位）。递增指令 INC 也会在写入目的寄存器之外更改标志寄存器（如 OF、SF、ZF、AF 和 PF 标志位）。

很多时候这些标志位修改操作是不必要的，反而增加了操作的复杂性，同时影响了性能。此外，指令也经常需要条件执行，并且，指令的条件执行通常需要通过多条指令来实现，这样会消耗更多的资源。

本节专利技术提出前缀控制的不修改标志位和条件执行前缀格式，可以解决上述两个问题。根据指令前缀的指示，不需要修改标志位的指令可以不对标志位进行修改，指令是否需要执行的条件也可以通过前缀在一条指令内进行指定。

【相关专利】

（1）US20130297915（Flag non-modification extension for ISA instructions using prefixes，2011 年 11 月 14 日申请，预计 2031 年 11 月 14 日失效，中国同族专利为 CN 103930867 A）

（2）US20130275723（Conditional execution support for ISA instructions using prefixes，2011 年 11 月 30 日申请，预计 2031 年 11 月 30 日失效，中国同族专利为 CN 103959239 B）

【相关内容】

专利说明书中详细说明了前缀控制的不修改标志位和条件执行的前缀格式与实现方法，也结合实例介绍了使用该方法的处理器和系统结构。

US20130297915 提出通过 VEX 前缀编码对指令是否修改一个或多个标志位进行控制。图 2.50 所示为前缀控制的不修改标志位的操作流程图。在模块 601，指令的操作码和前缀从指令中被抽取出来备用。在模块 602，根据现有指令的操作码和处理器的信息检查前缀的编码。如果检查结果是前缀编码不合法，则进行

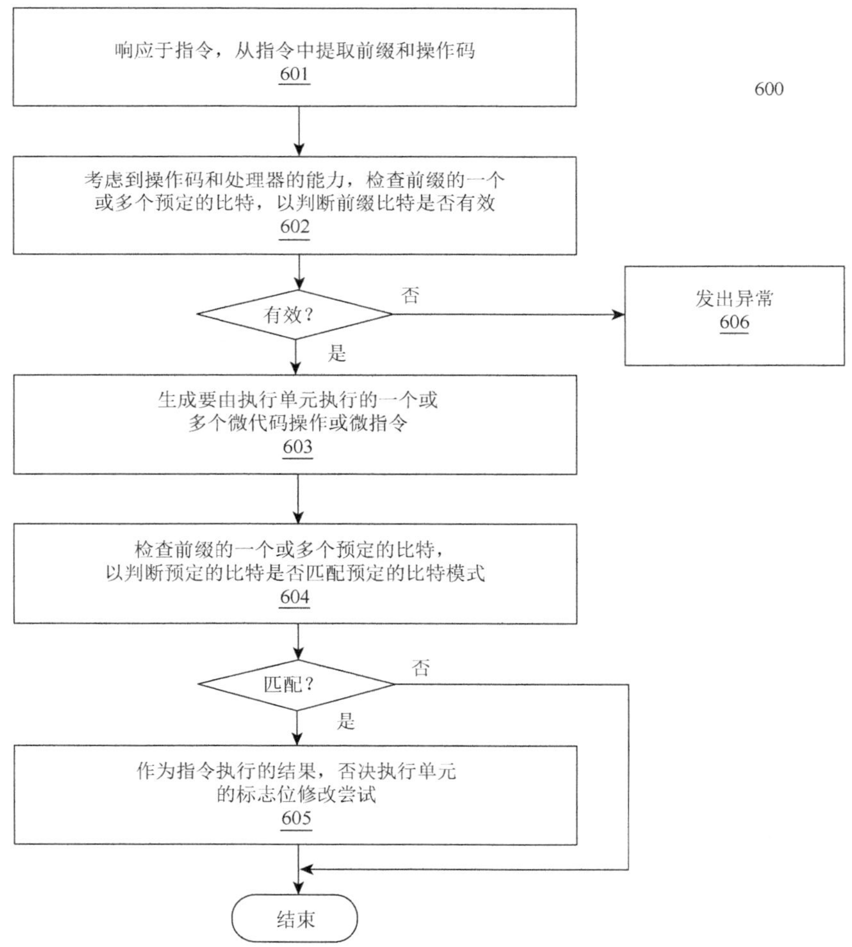

图 2.50　前缀控制的不修改标志位操作流程图

异常处理（606）。如果前缀编码合法，则将指令译码为微码并执行（603）。在模块 604，再次查看前缀中的信息，判断标志位是否允许修改。若不允许修改标志位，则处理器忽略执行单元发出的标志位修改请求（605）。

US20130275723 提出通过 VEX 前缀编码来指定一个或多个条件，根据条件判断指令是否需要被执行。图 2.51 所示为前缀控制的条件执行操作流程图。在模块 801，指令的操作码和前缀从指令中被抽取出来备用。在模块 802，根据当前指令的操作码和处理器的信息检查前缀的编码。如果检查结果是前缀编码不合法，则进行异常处理（806）。如果前缀编码合法，则将指令译码为微码，根据前缀中包含的条件执行信息进行判断，并根据结果条件执行所得的微码（803）。

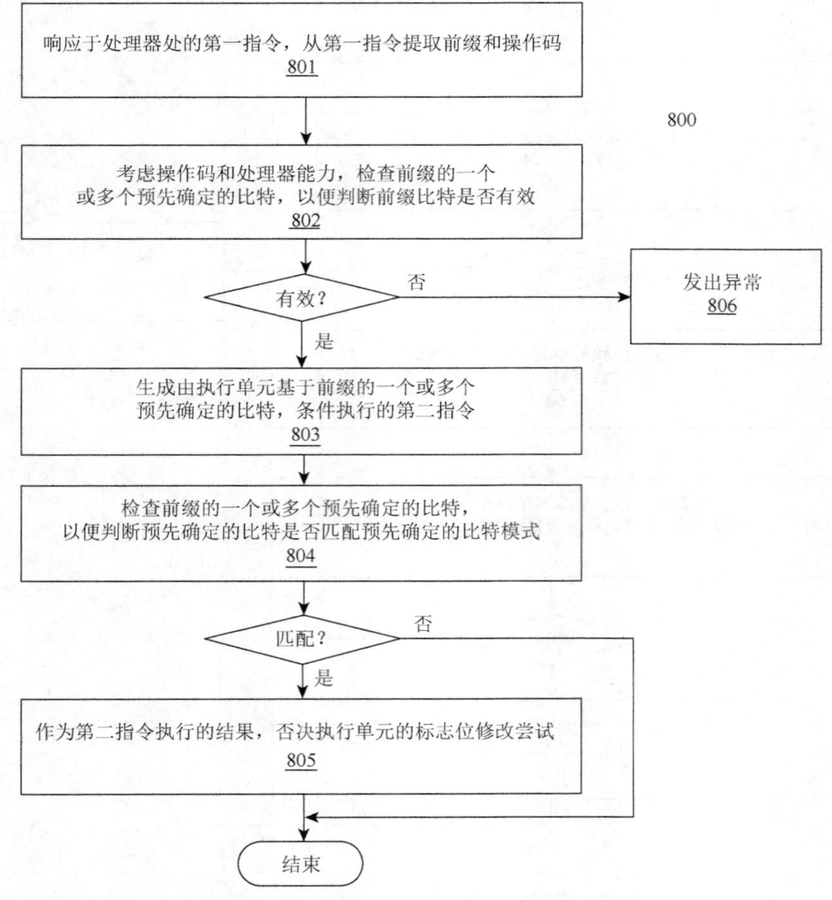

图 2.51　前缀控制的条件执行操作流程图

2.9　线程类指令技术专利分析

随着处理器性能的逐年提升，功耗问题变得越来越严重。为了有效地降低功耗，现代的计算机系统越来越重视处理器的功耗管理能力。因此，许多处理器也在内部设计了功耗管理的电路。处理器内建的硬件功耗管理可以实现细粒度的功耗管理，但是功耗管理硬件无法预知未来计算任务的变化情况，对处理器功能部件的调整存在滞后。软件功耗管理可以根据将要出现的任务量及时调整处理器状态，但软件往往无法实现细粒度的功耗管理。本节专利技术公开的指定应用线程性能状态指令允许软件开发者对他们的应用程序进行细粒度的功耗管理。

【相关专利】

US20140053009（Instruction that specifies an application thread performance state，2011 年 12 月 22 日申请，预计 2031 年 12 月 22 日失效，中国同族专利为 CN 104011703 B）

【相关指令】

专利中给出指令助记符 TCMHINT，《手册》中未公开相关操作指令。

【相关内容】

该专利详细说明了线程功耗管理指令的原理和实现方法，也结合实例介绍了使用该指令的处理器和系统结构。

专利提出的线程功耗管理指令助记符为 TCMHINT，它允许应用程序设计者为他们的应用程序中的线程指定性能状态。处理器利用每线程的性能状态标签合适地设置处理器的性能或功耗特性，线程的性能状态可以标记为以下三种之一：①高性能；②中等性能；③低性能。TCMHINT 指令可以插入程序行为将要发生改变的位置来预先建立处理器的性能或功耗特性。这样，处理器从一个性能或功耗状态切换到另一个性能或功耗状态的延迟就可以避免。

除了每个线程的性能状态外，处理器还需要一个系统告示（system edict）功耗管理指示（directive）。系统告示功耗管理指示用于指示处理器偏向于更高的性能和更高的功耗还是更低的性能和更低的功耗。系统告示功耗管理指示将与线程的性能状态一起，影响特定硬件模块的功耗状态。硬件模块的功耗状态示例见图 2.52，包含从高到低四种：①低延迟（low latency，LL）；②高吞吐量（high throughput，HT）；③有效吞吐量（efficient throughput，ET）；④功耗最优（power optimized，PO）。

图 2.53 所示为支持多个线程确定硬件模块功耗状态的过程。注意：一个硬件模块可能被多个线程使用，根据系统告示功耗管理指示的不同，有时要考虑功耗最高的线程的性能状态，有时则要考虑功耗最低的线程。

线程性能状态	系统告示设置	
	高功耗性能	低功耗性能
高	LL	HT
中	HT	ET
低	ET	PO

图 2.52 硬件模块的功耗状态

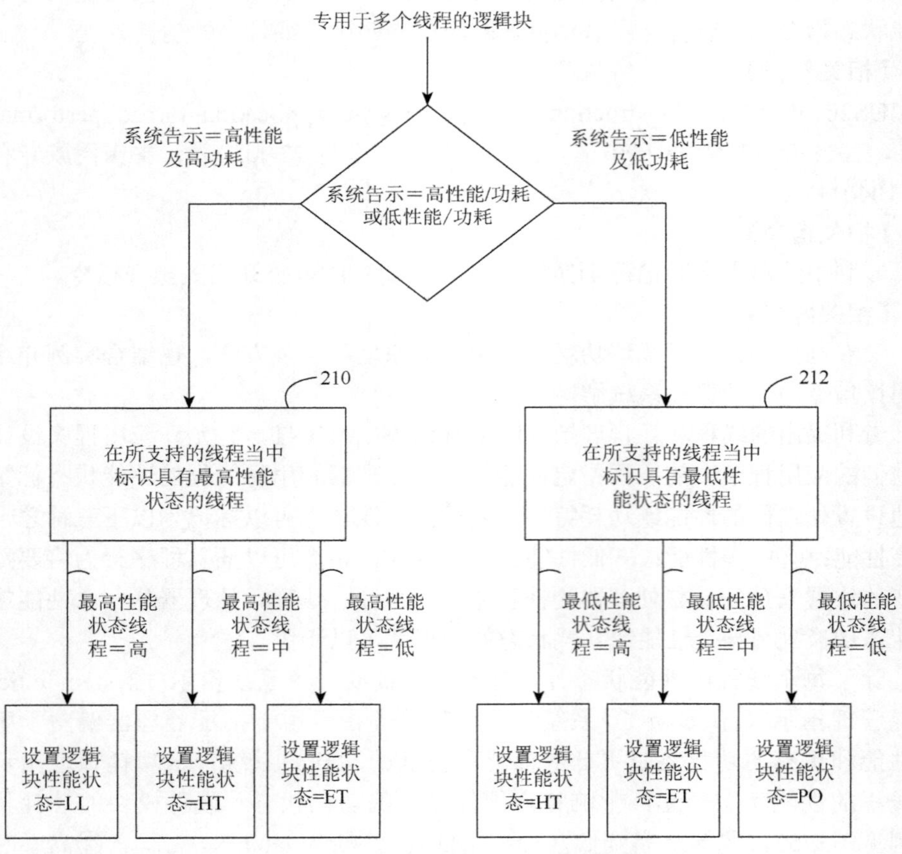

图 2.53 支持多个线程的资源/逻辑块的设置

如果系统告示功耗管理指示指定处理器更偏向于较高的性能或功耗，则对于逻辑块支持的所有线程当中由 TCMHINT 指令设置的具有最高功率的线程，共享块进行标识（步骤 210），并且，接受该线程作为逻辑块支持的所有线程的模型线程。然后，共享逻辑块进入图 2.53 中描述的高功率性能状态。即如果在步骤 210 标识的模型线程是高性能状态线程，则共享逻辑块进入 LL 状态。如果系统告示功耗管理指示指定较低性能或较低功耗，则共享块标识所支持的线程中的最低性能状态的线程，并接受该线程作为各线程的模型线程（步骤 212）。然后，共享逻辑块进入图 2.53 中描述的低功率性能状态。即如果在步骤 212 标识的模型线程是高性能线程，则共享逻辑块进入 HT 状态。

第3章　x87浮点指令集技术专利分析

在英特尔处理器中，浮点数运算单元（也称数字协处理器）一开始由于应用不广泛并且成本高，是在独立的协处理器芯片中存在的，称为x87协处理器。逐渐地，随着CPU应用领域的扩展和芯片集成度的提高，英特尔从486处理器开始，将浮点数运算单元和CPU整合到了同一个芯片上。浮点数指令包括数据交互、数据舍入、控制等指令。

3.1　浮点数和整数之间的搬移及转换

【相关专利】

（1）US5805486（Moderately coupled floating point and integer units，1995年11月28日申请，已失效）

（2）US5764959（Adaptive 128-bit floating point load and store instructions for quad-precision compatibility，1995年12月20日申请，已失效）

（3）US5889984（Floating point and integer condition compatibility for conditional branches and conditional moves，1996年8月19日申请，已失效）

（4）US5764548（Fast floating-point to integer conversion，1995年9月29日申请，已失效）

（5）US5781790（Method and apparatus for performing floating point to integer transfers and vice versa，1995年12月29日申请，已失效）

（6）US7290024（Methods and apparatus for performing mathematical operations using scaled integers，2003年12月18日申请，预计2026年1月15日失效）

（7）US7380240（Apparatus and methods to avoid floating point control instructions in floating point to integer conversion，2003年12月23日申请，预计2025年11月23日失效）

【相关指令】

（1）US5805486（《手册》中未公开下列四条操作指令）。

FXM2I（或F2I.SIG）指令移80位扩展精度浮点数的低64位，即尾数（mantissa）到整数寄存器。

FXE2I（或F2I.EXP）指令移80位扩展精度浮点数的高16位，即指数（exponent）

到整数寄存器。

FXI2M（或 I2F.SIG）指令移 64 位整数寄存器到 80 位扩展精度浮点数的低 64 位，即尾数。

FXI2E（或 I2F.EXP）指令移整数寄存器低 16 位到 80 位扩展精度浮点数的高 16 位，即指数。

（2）US5764959 包括以下 x87 指令。

FLD（load floating point value，浮点数读取）指令将源操作数推入 FPU 寄存器栈。源操作数可为单精度、双精度或双扩展精度的浮点。

FST/FSTP（store floating point value，浮点数存储）指令将 FPU 寄存器栈中的数据存入内存或其他寄存器中。FSTP 指令除了上述操作外，还完成弹出寄存器栈的操作。

（3）US5889984 和 US5764548 中包括以下 x86 和 x87 指令。

CMP（compare two operands，比较两个操作数）指令比较第一源操作数和第二源操作数，并根据结果设置 EFLAGS 寄存器的标志位。

CMOVcc（conditional move，条件移动）指令检查 EFLAGS 寄存器的标志位，在条件满足时进行移动操作。根据条件的不同会有不同的助记符，如 CMOVE（conditional move if equal，如果相等则条件移动）、CMOVZ（conditional move if zero，如果为零则条件移动）等。

JCC（jump if condition is met，条件跳转）指令检查一个或多个标志位的值，如果标志位满足条件，则执行跳转指令。根据跳转条件的不同存在以下条件跳转指令：JAE（CF = 0）、JB（CF = 1）、JC（CF = 1）、JE（ZF = 1）、JNAE（CF = 1）、JNB（CF = 0）、JNC（CF = 0）、JNE（ZF = 0）、JNO（OF = 0）、JNP（PF = 0）、JNS（SF = 0）、JNZ（ZF = 0）、JO（OF = 1）、JP（PF = 1）、JPE（PF = 1）、JPO（PF = 0）、JS（SF = 1）、JZ（ZF = 1）。

x87 指令集的 FCOM/FCOMP/FCOMPP（compare floating point values，浮点数据比较）指令比较 FPU 寄存器栈中的数据和源操作数，并根据结果设置 FPU 的标志寄存器。

x87 指令集的 FCMOVcc（floating-point conditional move，浮点条件移动）指令测试 EFLAGS 寄存器标志位的值，如果测试结果为真则移动源操作数（第二操作数）到目的操作数（第一操作数）。具体指令会明确是什么条件，如 FCMOVE（floating-point conditional move if equal）、FCMOVNE（floating-point conditional move if not equal）等。

FCJMP（floating point conditional jump，浮点条件跳转）指令根据给定的条件决定是否进行跳转。《手册》中未公开相关操作指令。

I2F 指令（fields in the floating point register（sign，exponent，significand）are transferred from an integer register，从整数寄存器中传输到浮点寄存器中的各个域（符号、指数、有效值）)，包括变体 I2F.EXP 和 I2F.SIG。I2F.EXP 将源整数寄存器的最低有效 16 位传输到目的浮点寄存器的符号和指数域；I2F.SIG 指令将源整数寄存器的全部内容传输到目的浮点寄存器的有效值域。

F2I 指令（fields in the floating point register（sign，exponent，significand）are transferred to an integer register，浮点寄存器中的各个域（符号、指数、有效值）被传输到整数寄存器中)，包括变体 F2I.EXP 和 F2I.SIG。F2I.EXP 将源浮点寄存器的符号和指数域传输到目的整数寄存器的最低有效 16 位；F2I.SIG 指令将源浮点寄存器的有效值域传输到整数寄存器。F2I 和 I2F 执行相反操作，《手册》中未公开 F2I 和 I2F 指令。

（4）US5781790 包括以下指令。

x87 指令集的 FIST/FISTP（store integer，存储为整数）指令把 FPU 寄存器栈中的数据转化成带符号整数，并存放到存储器中。FISTP 指令除了上述操作外，还完成弹出寄存器栈的操作。

x87 指令集的 FILD（load integer，读取整数）指令把源操作数的带符号整数转化成双扩展精度浮点数，并将结果推入 FPU 寄存器栈。

F2Ixfer 指令实现浮点数据到整数数据的数据通道（datapath）的搬移（《手册》中未公开该指令助记符)。实际在处理器中实现相同操作的指令是“FIST + MOV”。FIST 将浮点寄存器堆中的数据转换成整数并存储到存储器，MOV 指令把数据加载到整数寄存器堆。

I2Fxfer 指令实现整数数据到浮点数据的数据通道的搬移（《手册》中未公开该指令助记符)。实际在处理器中实现相同操作的指令是“MOV + FILD”。MOV 指令进行存储操作，FILD 将存储器中的整数转换成浮点数并加载到浮点寄存器堆。

【相关内容】

本节专利涉及整数（integer）和浮点（floating-point）数据之间的数据搬移及转换。

US5805486 专利技术利用四条指令（FXM2I、FXE2I、FXI2M、FXI2E）及控制电路来进行浮点数据寄存器和整数数据寄存器之间数据的相互搬移。四条指令执行转换操作示例如图 3.1 和图 3.2 所示。

US5764959 专利技术用 80 位浮点寄存器堆或者 128 位浮点寄存器堆来支持 128 位精度的浮点 LOAD/STORE（加载/存储）操作，以达到软件的兼容。主要支持三种情况：①浮点执行单元和浮点寄存器均是 80 位，128 位浮点通过纯软件的方式实现，并通过 LOAD/STORE 指令实现 80 位浮点寄存器堆和 128 位存储器之间的数据搬移，由于数据位数不同，在数据搬移时存储器低 48 位需要补零；②浮点执行单元是 80 位，128 位浮点运算通过纯软件的方式实现，但是浮点寄存器和浮点存储器均为 128 位，寄存器和存储器进行数据搬移时不需要特殊操作；③浮点执行单元、浮点寄存器、存储器全面支持 128 位的浮点操作。

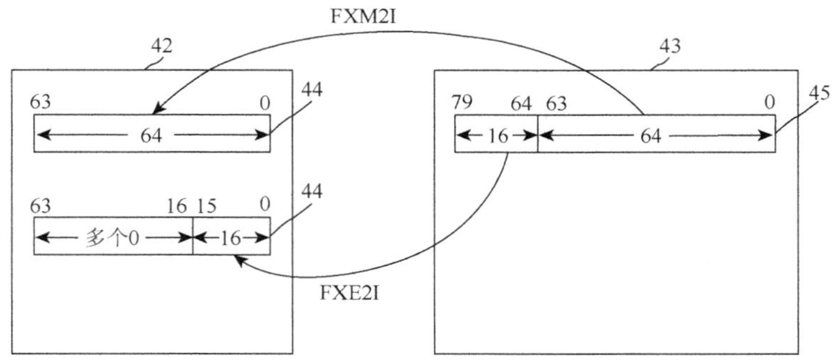

图 3.1　FXM2I 指令及 FXE2I 指令

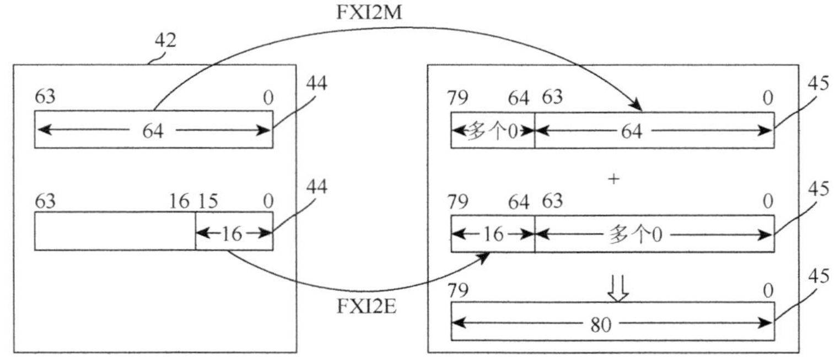

图 3.2　FXI2M 指令及 FXI2E 指令

处理器中具有分离的整数单元和浮点单元、整数寄存器堆和浮点寄存器堆、两个单独的整数和浮点条件分支指令，根据整数比较的结果执行浮点数据的条件移动非常有用，反之亦然，为了解决该问题，US5889984 专利技术给出了整数数据比较（CMP）指令和浮点数据比较（FCMP）指令的操作，比较结果写全 0 或全 1 至整数寄存器堆或浮点寄存器堆，然后进行整数寄存器和浮点寄存器之间数据的搬移，根据搬移后的结果再执行浮点或整数条件分支或条件移动。图 3.3 示出了执行 CMP 指令，整数单元生成条件时的数据流图，使用 I2F.EXP 指令将 CMP 指令比较的结果传输到浮点寄存器的符号和指数域，方便后续使用浮点条件搬移（FCMOV）指令及浮点条件跳转（FCJMP）指令利用整数比较的结果。图 3.4 示出了执行 FCMP 指令，浮点单元生成条件时的数据流图，使用 F2I.SIG 指令将 FCMP 指令比较的结果生成在浮点寄存器的有效值域传输到整数寄存器，方便后续整数条件搬移（CMOV）指令及整数条件跳转（CJMP）指令利用浮点数据比较的结果。US5889984 专利中的 CMP、FCMP 和《手册》中的 CMP、FCOM（《手册》

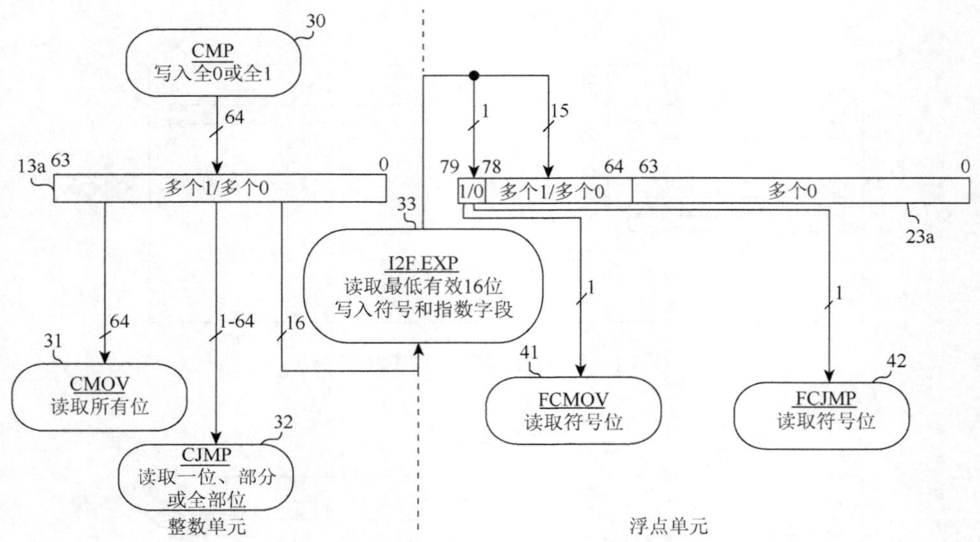

图 3.3　执行 CMP 指令，整数单元生成条件时的数据流图

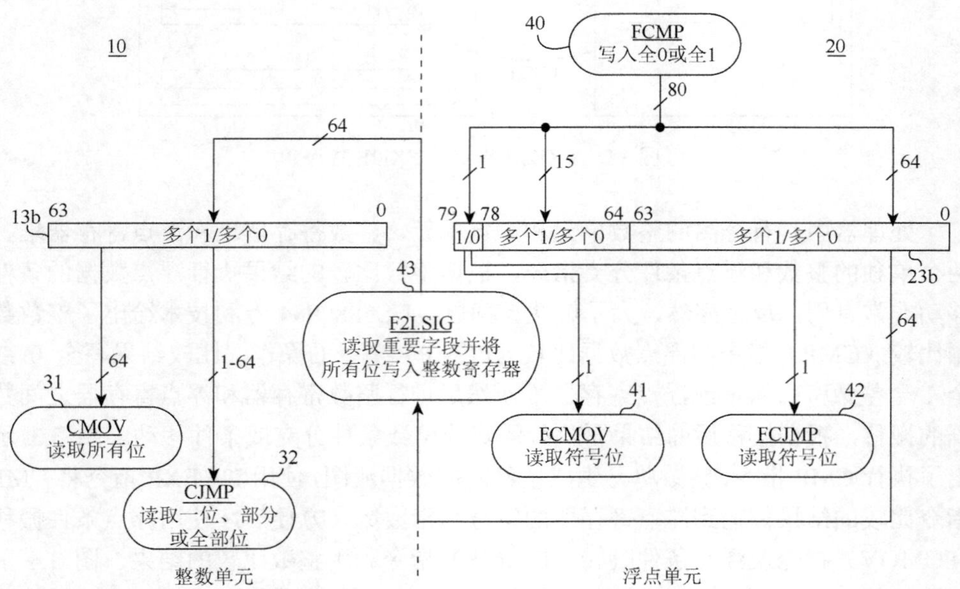

图 3.4　执行 FCMP 指令，浮点单元生成条件时的数据流图

中无 FCMP）指令不同，前者的比较结果分别存放在整数寄存器和浮点寄存器中，因此需要将比较结果在两个寄存器间搬移；后者的比较结果存放在 EFLAGS 寄存器中，整数和浮点条件搬移和跳转指令也依赖于 EFLAGS 寄存器中的标志位，因此不需要寄存器间的数据搬移操作。

US5764548 专利技术利用一个 CMP 指令（而非浮点数据比较指令）来判定浮点数据转化成整数数据时是否会溢出，以加快数据比较及溢出判断的速度，从而加快浮点到整数数据的转化。图 3.5 给出了支持该专利技术的信号转换系统的框图。

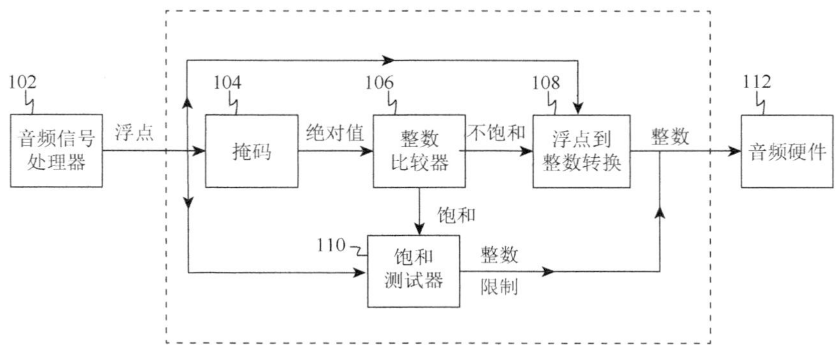

图 3.5　浮点到整数数据转化系统示意图（先整数比较判定溢出，再转化）

US5781790 专利将整数-浮点及浮点-整数之间的搬移转换成 STORE、LOAD 操作来进行。把 STORE、LOAD 指令的地址设为相同，从而在数据搬移时不需要通过内存，而是通过转发（forwarding）的方式进行数据的搬移，也称为存储转发（store forwarding），从而提高转换效率。

US7290024 专利介绍图形处理方面的应用，软件一般默认底层硬件支持浮点操作，但是手持设备（如英特尔 XScale 架构）仅支持整数运算（整数和整型操作）。对于这种情况，可以采用几种做法：用软件模拟浮点操作，这样性能较低，一般帧率较高的游戏类应用无法忍受；将浮点操作取消，直接用基于整数数据类型的定点工具，这样就要改软件，代价高。专利技术提出使用按比例调整的整数（scaled integer），并从中分别提取乘数值和比例值执行算术运算的方法。按比例调整的整数数据类型示例的二进制表示见图 3.6。算术操作执行流程图示例见图 3.7。

在浮点到整数转换过程中，为了避免执行耗时的浮点控制指令，US7380240 专利技术提出识别浮点控制指令中的舍入模式后，通过二进制转换（binary translation）的方式，实现程序代码在不同处理器平台（支持浮点与仅支持整数）之间的转换。执行该转换的流程示例如图 3.8 所示。

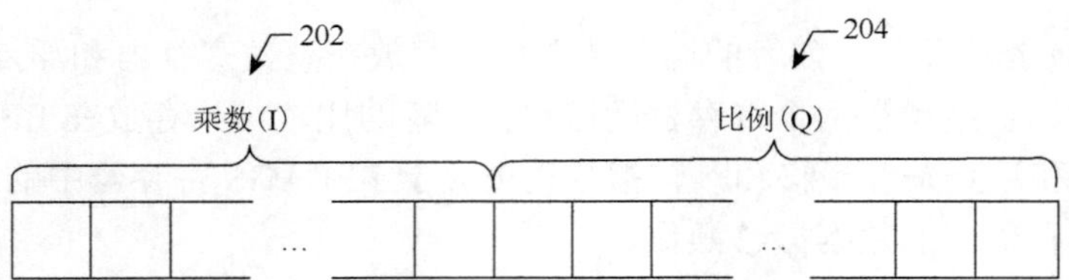

图 3.6 按比例调整的整数数据类型示例的二进制表示

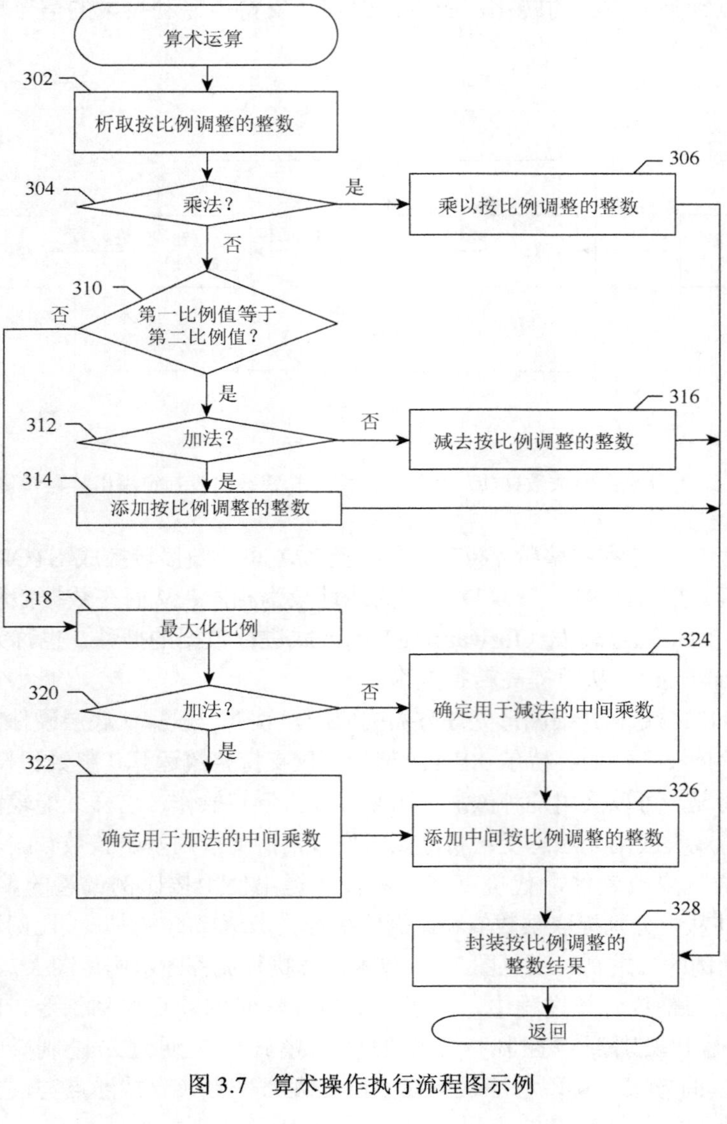

算术运算
302 析取按比例调整的整数
304 乘法？
是
306 乘以按比例调整的整数
否
310 第一比例值等于第二比例值？
否
是
312 加法？
否
316 减去按比例调整的整数
是
314 添加按比例调整的整数
318 最大化比例
320 加法？
否
324 确定用于减法的中间乘数
是
322 确定用于加法的中间乘数
326 添加中间按比例调整的整数
328 封装按比例调整的整数结果
返回

图 3.7 算术操作执行流程图示例

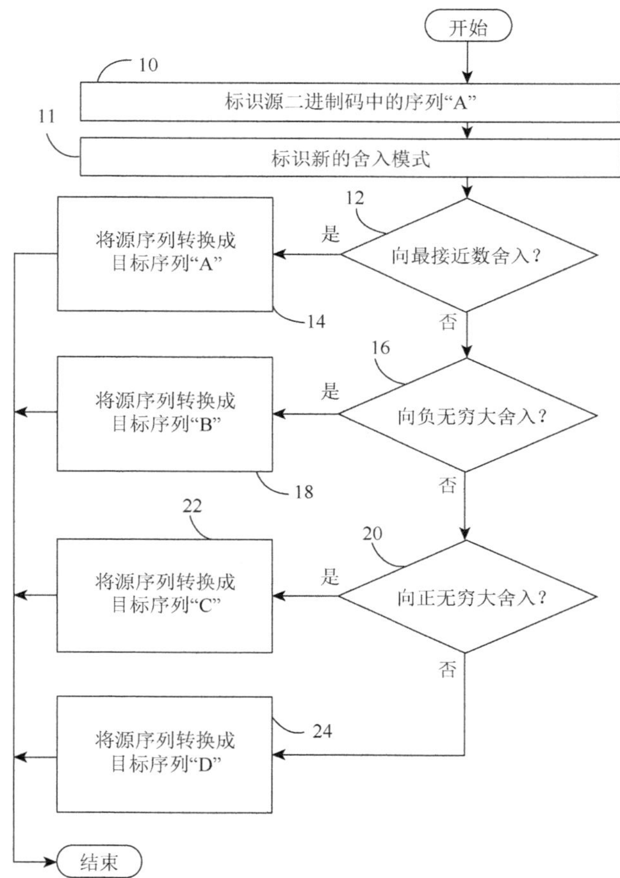

图 3.8　二进制代码翻译模块执行流程图

3.2　浮点数的舍入操作

本节专利涉及浮点数舍入（rounding）实现，包括：①支持不同的精度，如 24 位单精度（single precision）、单精度扩展（single extended）、53 位双精度（double precision）、64 位扩展精度（extended precision）；②支持不同的模式，包括向正无穷大（向上）取整（round to plus infinity）、向负无穷大（向下）取整（round to minus infinity）、向零（截断）舍入（round toward zero）以及最近舍入（round to nearest value）；③操作并行化以提高速度；④电路简化以节省电路消耗。

【相关专利】

（1）US5258943（Apparatus and method for rounding operands，1991 年 12 月 23 日申请，已失效）

（2）US5612909（Method and apparatus for rounding operands using previous rounding history，1994 年 9 月 29 日申请，已失效）

（3）US5696711（Apparatus and method for performing variable precision floating point rounding operations，1995 年 12 月 22 日申请，已失效）

（4）US5917741（Method and apparatus for performing floating-point rounding operations for multiple precisions using incrementers，1996 年 8 月 29 日申请，已失效）

（5）US6058410（Method and apparatus for selecting a rounding mode for a numeric operation，1996 年 12 月 2 日申请，已失效）

（6）US6219684（Optimized rounding in underflow handlers，1998 年 9 月 30 日申请，已失效）

（7）US7185181（Apparatus and method for maintaining a floating point data segment selector，2002 年 8 月 5 日申请，已失效）

（8）US7593977（Method and system for avoiding underflow in a floating-point operation，2002 年 12 月 23 日申请，已失效）

（9）US8095586（Methods and arrangements to correct for double rounding errors when rounding floating point numbers to nearest away，2007 年 12 月 31 日申请，预计 2030 年 11 月 11 日失效）

（10）US8126954（Method and system for avoiding underflow in a floating-point operation，2009 年 7 月 31 日申请，预计 2023 年 7 月 27 日失效）

【相关指令】

x87 指令集的 FRNDINT（round to integer，浮点数归约为整数）指令将 FPU 寄存器栈中的源操作数归约到最近的整数值，并将结果存入 FPU 寄存器栈。利用指令中的舍入控制域（rounding control field）来决定是哪个舍入模式（rounding mode），然后进行舍入操作。

FTRUNCINT 指令采用截断舍入模式（round to zero mode）来进行舍入操作。《手册》中未公开 FTRUNCINT 相关操作指令。

以上两条指令的操作由指令寄存器和控制寄存器两部分共同决定。指令寄存器中包含操作码和舍入控制（rounding control，RC），控制寄存器堆也包含 RC。如果操作码表明是 FTRUNCINT 指令，则采用舍入操作。如果操作码表明是 FRNDINT 指令，则由指令寄存器中的 RC 来决定是采用静态的还是动态的舍入模式。若为静态，由指令寄存器中的 RC 来确定模式；若为动态，则由控制寄存器中的 RC 来确定模式，如图 3.9 所示。

【相关内容】

US5258943：能舍入 68 位数据，包括舍入操作的并行化和电路简化两方面。

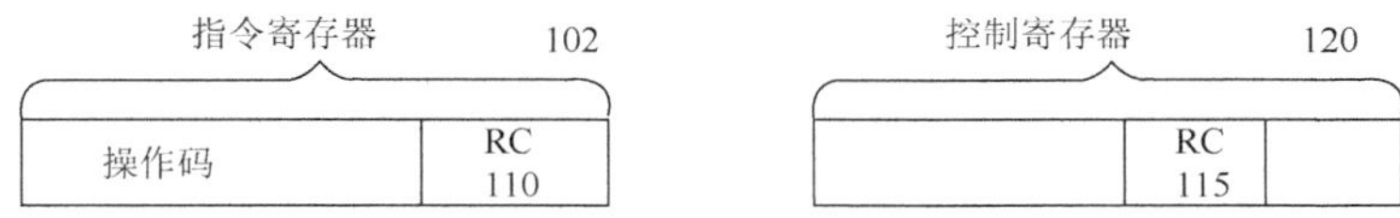

图 3.9　舍入指令示意图

（1）并行化：分别计算向上舍入和向下舍入，然后通过一个多路复用器进行选择，这样可以极大地提高运算速度。

（2）电路简化：采用截取后补 1 的方式。不管是什么精度要求，在舍入时均只需要在最低位加 1（也就是累加器）即可，和传统的加法器需要在不同的位置加 1 方式相比简化了电路。相关电路如图 3.10 所示。

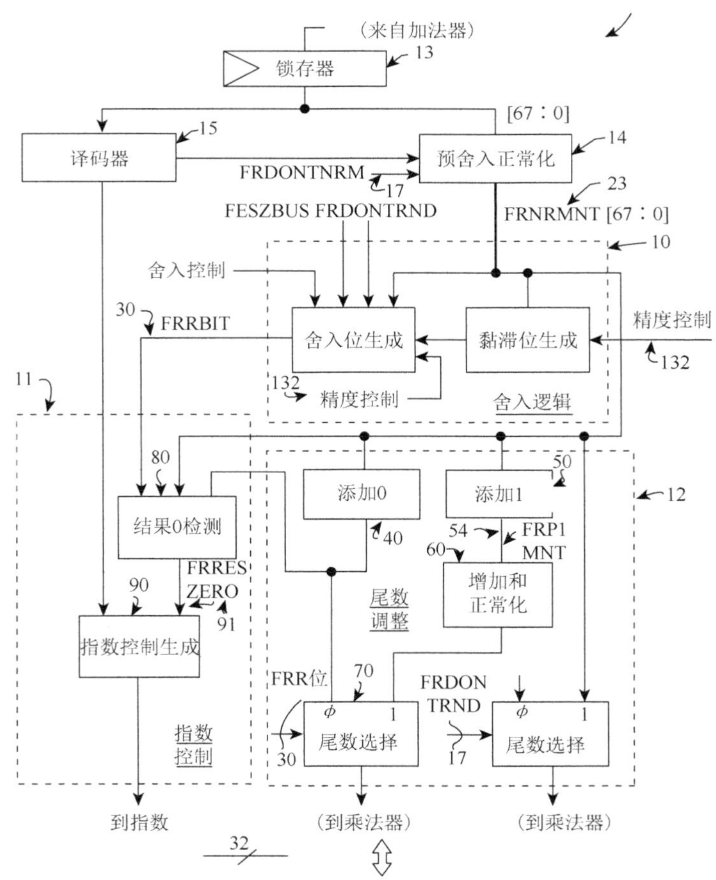

图 3.10　舍入电路结构图

US5612909 专利：超越运算（如三角/反三角函数、指数运算、对数运算、双曲/反双曲函数）是一类复杂、耗时的运算。此类运算无法得出精确的结果，需要舍入操作。由于运算过程复杂，以前的技术常对超越运算进行多次舍入，导致反复运算，破坏了超越运算的原子性。本专利技术通过引入两个比特分别标识是否需要舍入操作和舍入方法（截断、正向、最近舍入等），利用操作数的历史舍入方式，进行舍入迭代操作，保证超越运算过程的舍入一致性，从而保持了原子性，结构如图 3.11 所示。

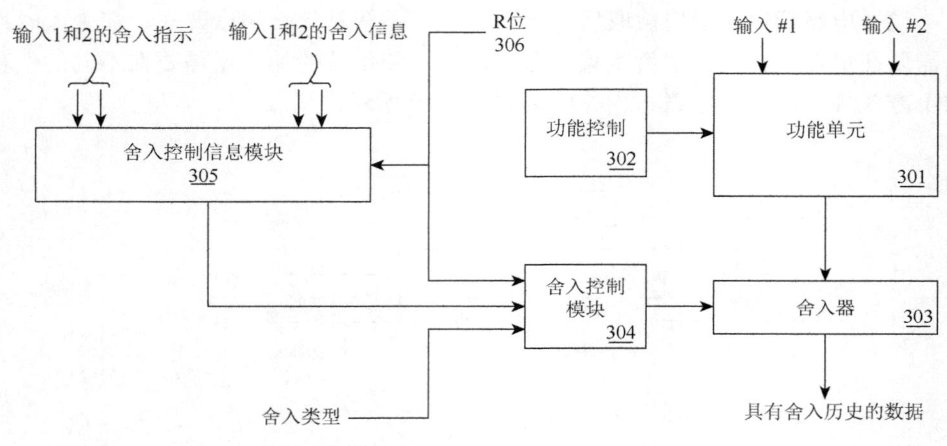

图 3.11　浮点执行单元

US5696711：基本思路与 US5258943 一致，再次重点描述了不同精度的浮点数舍入操作。与传统的截取后几位补 0 的方式不同，本专利采用截取后补 1 的方式，这样，不管是什么精度要求，在舍入时均只需要在最低位加 1 即可。舍入电路示意图如图 3.12 所示。

US5917741 是针对不同精度的累加器（incrementer）的设计。基本的思路是针对数据的不同部分分别设计累加器，然后根据实际精度来选择采用哪个累加器。累加器电路如图 3.13 所示。

US6058410：舍入模式，其中 FTRUNCINT 指令进行截断舍入模式的操作，FRNDINT 指令通过舍入模式域来判断是哪个模式，然后进行操作。支持舍入的各种模式如图 3.14 所示。

US6219684：1998 年单精度浮点表示为主流，运算过程中常出现下溢情况，通过触发中断的方式进行溢出后处理。常规方法是对浮点运算结果进行右移，左边补零，指数递减。当指数递减到单精度格式最小指数之前，已移出所有非零有效位，判断出现下溢。微指令（存在 ROM 中）实现，优势在于简化流程、压缩 ROM 空间、减少执行时间。最优舍入过程流程如图 3.15 所示。

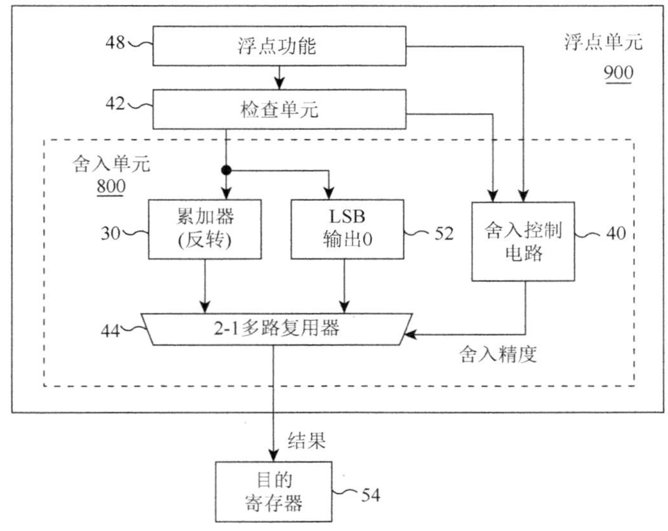

图 3.12　舍入电路示意图

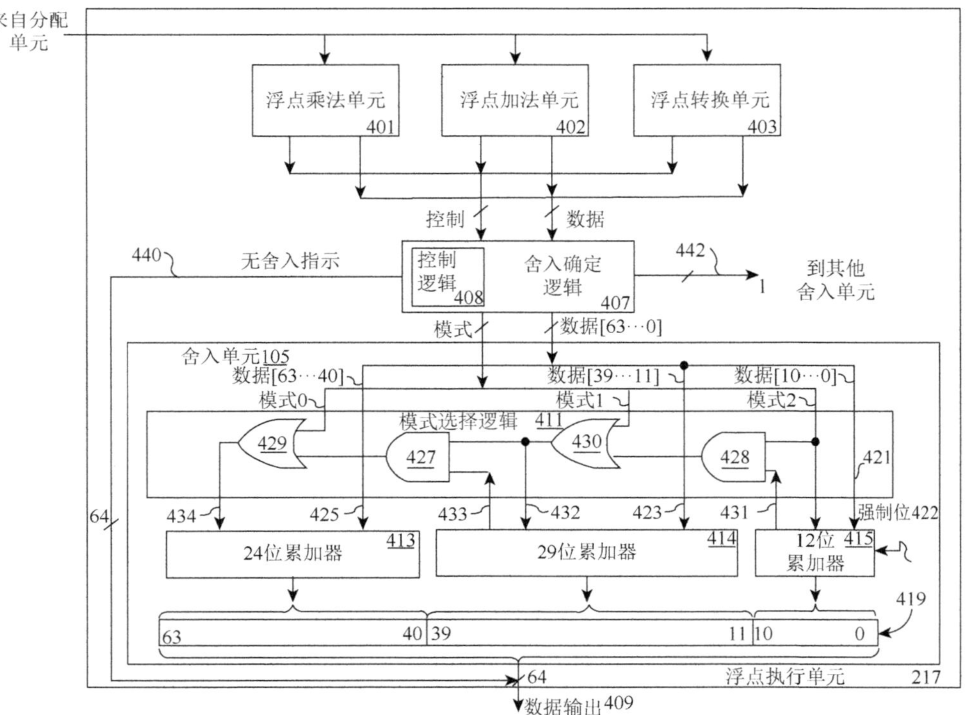

图 3.13　舍入操作的累加器电路示例

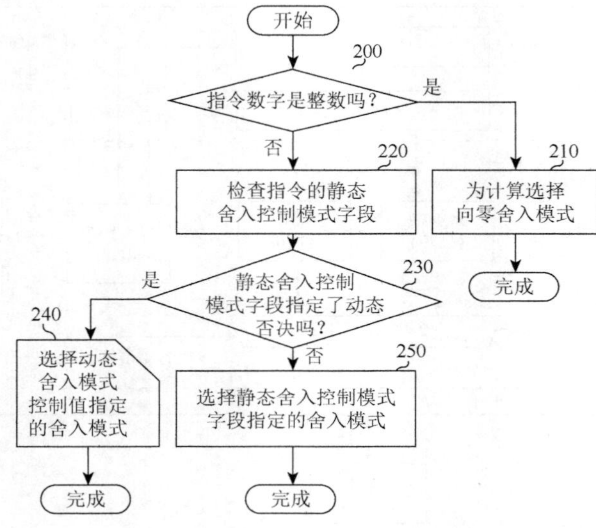

图 3.14　支持舍入的各种模式

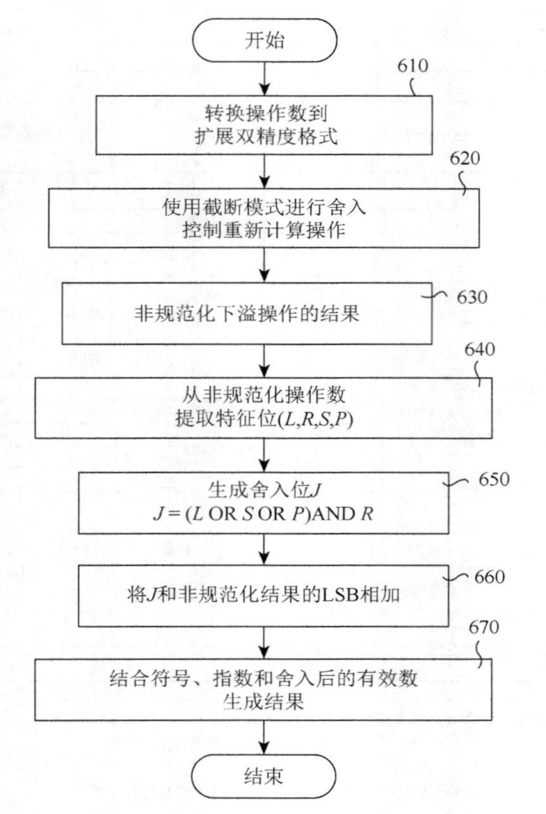

图 3.15　最优舍入过程流程

US7185181：相对于静态执行，动态执行可以提高流水线利用率。动态执行对指令进行译码，将准备好数据的指令直接送入流水线，未准备好数据的指令放在保留栈中等待。通过将预备数据和指令执行划分为两个过程，由单独硬件完成，实现流水线的高效运行。若要实现这种思想，逻辑上需要用到额外一批隐式寄存器，实际运行过程中对指令进行显式寄存器（专利中称为 source register）重命名，数据准备好之后直接被送入隐式寄存器，由流水线调用。但是浮点运算时，由于显式寄存器是有用的，可能触发事件。因此，此类操作不能进行重命名，需要在进入流水之前检测指令窗口。方法为：从系统时钟周期的提交窗口，对即将提交的微操作集合，检测加载或存储微操作；如果有，触发微代码事件处理程序（micro-code event handler），初始化浮点数据段选择器信息（floating point data segment selector information）；否则，触发浮点数据段（floating point data segment，FDS）更新。支持专利技术的执行单元示例如图 3.16 所示。

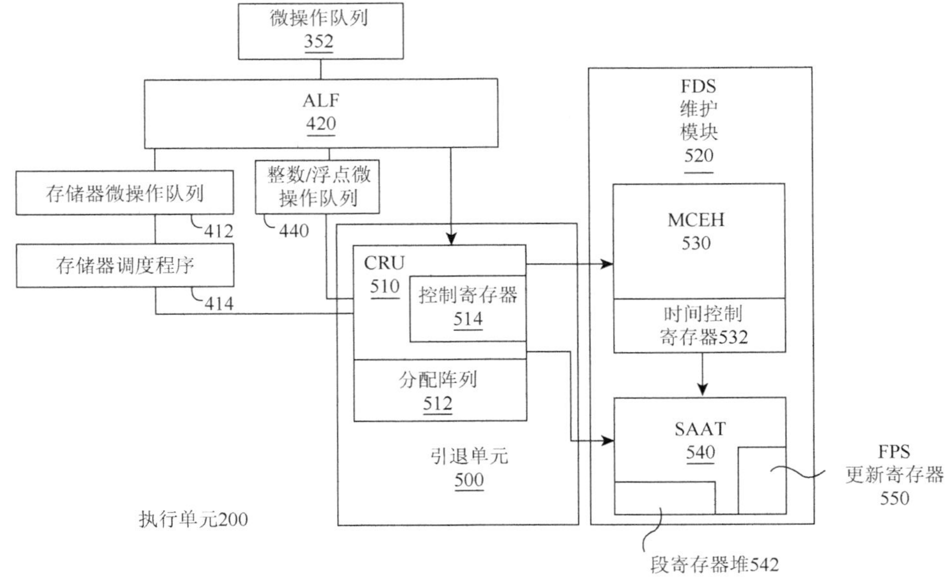

图 3.16　包含用于浮点指令的动态执行单元和提交单元的执行单元

US7593977 和 US8126954（同族）：现有技术的浮点下溢预测采用硬件实现，预测结果可能出现错误。本专利技术采用新的预测机制，对准确率进行了优化。方法为：假设操作数 a、b、c，浮点操作结果为 d，如果浮点操作被预测为下溢，将 a、b、c 转化为 a'、b'、c'，重新计算结果 d'。对 d'进行预测，如果下溢，用软件方法计算 d；否则用硬件计算 d。浮点运算流程如图 3.17 所示。

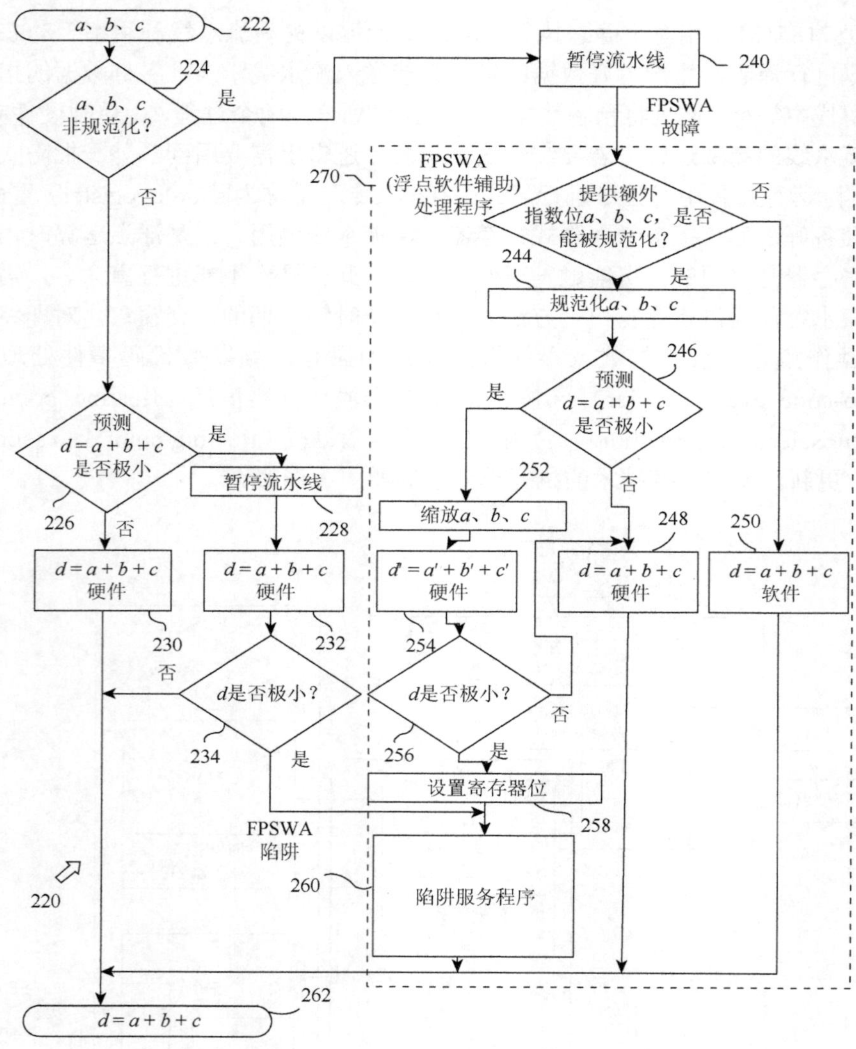

图 3.17　浮点运算流程

US8095586：双舍入（double rounding）是指对一个数进行两次四舍五入操作，例如，从 n_0 舍入得出 n_1，再从 n_1 舍入得到最终结果 n_2。当两次操作的结果 n_2 与一次操作的舍入结果一致时，双舍入本身是没有问题的。但是对于有些特殊情况，双舍入得出的结果与一次操作结果不一致，此时我们称它为双舍入误差（double rounding error）。例如，6 位十进制数 7.23496，保留三位数字的四舍五入，结果是 7.23。如果先保留 5 位的舍入（7.2350），再保留 3 位舍入（7.24），就会出现双舍入误差。专利技术涉及检测并纠正双舍入错误的方法，流程如图 3.18 所示。

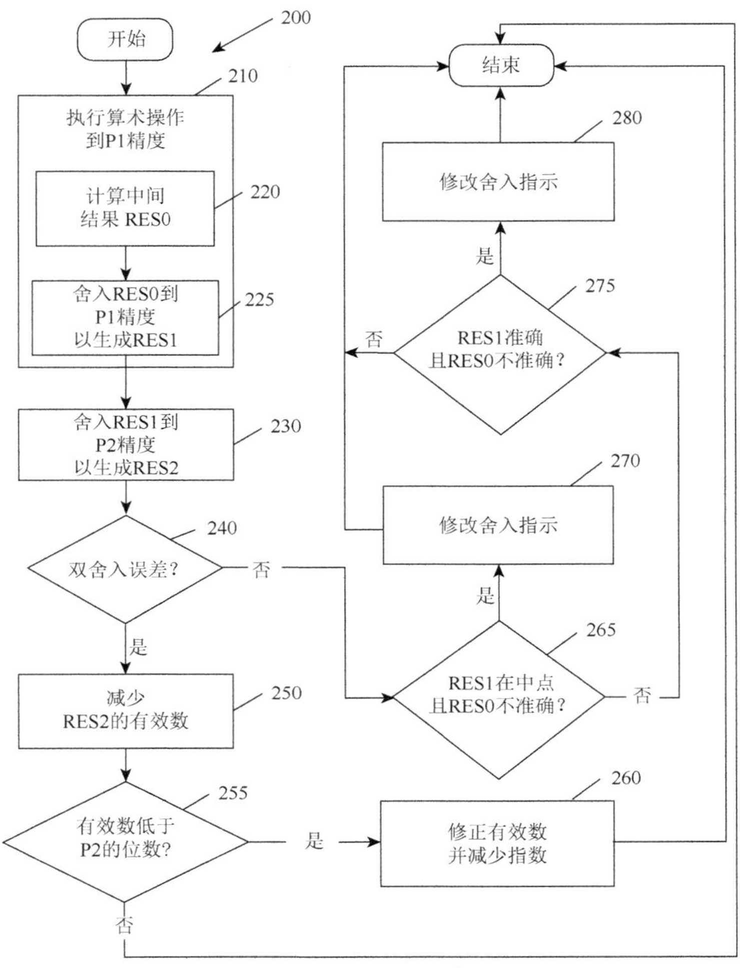

图 3.18　浮点运算中的双舍入

3.3　浮点安全指令识别模块

本节专利与浮点指令的安全性相关。浮点指令的运算时间通常比整数指令要长，这就可能出现浮点指令开始的时间早但是完成时间比后开始的指令反而晚的情况。如果浮点指令运算过程中出现了异常，则会导致后面的指令执行不正确的情况发生。因此，需要在浮点运算单元中尽早判断该指令是否会引起异常。如果该浮点指令有可能发生异常，则后续指令要暂停执行。如果该浮点指令不会发生异常，则后续指令可以正常执行。

【相关专利】

（1）US5257216（Floating point safe instruction recognition apparatus，1992 年 6 月 10 日申请，已失效）

（2）US5307301（Floating point safe instruction recognition method，1993 年 4 月 13 日申请，已失效）

【相关内容】

针对执行两个浮点操作数指令的处理器，专利技术的核心思想是在浮点运算单元中加入安全指令识别（safe instruction recognition，SIR）模块来保证指令的正确执行。它在浮点运算时（含加、减、乘、除），在流水线执行段之前（通常是取数阶段）检查浮点操作数的指数部分，判定是否会有溢出（超出上下限）等异常发生。SIR 硬件逻辑结构如图 3.19 所示，核心为上限比较器和下限比较器（comparator，图中简称 COMP），比较器输入 E_h 为上限，E_l 为下限，E_1 和 E_2 为两个浮点操作数的 *n* 位二进制指数。

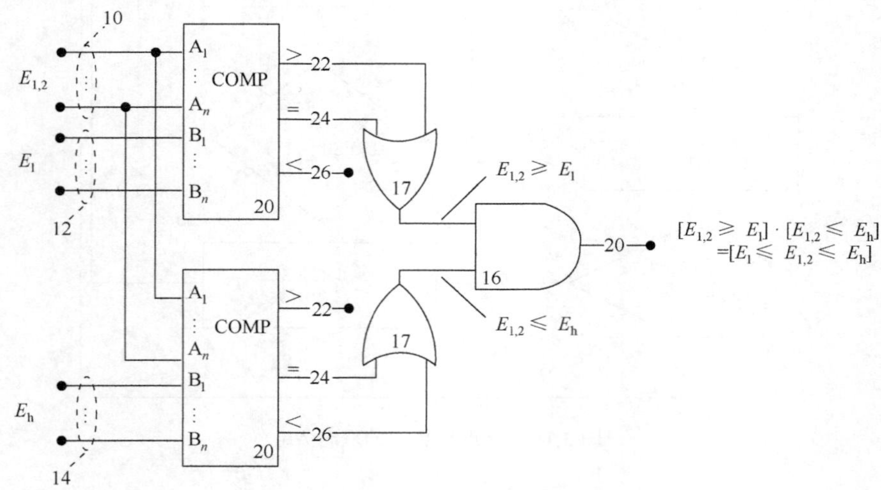

图 3.19　SIR 硬件逻辑结构

3.4　同步相关指令执行逻辑

486 之前的处理器系统通常包括主处理器和协处理器（如浮点加速器）。从 486 处理器开始，主处理器和浮点加速器芯片开始集成，设计 CPU 时，需要兼顾向前程序兼容以及加快执行速度。

【相关专利】

US5226127（Method and apparatus providing for conditional execution speed-up in a computer system through substitution of a null instruction for a synchronization instruction under predetermined conditions，1991 年 11 月 19 日申请，已失效）

【相关指令】

x87 指令集的 WAIT/FWAIT（wait，等待）指令使处理器在继续执行前，检查并处理等待（pending）和未屏蔽（unmasked）浮点异常。

专利还与 x86 指令集的 NOP 指令、x87 指令集的“安全”（SAFE）指令和“非安全”指令相关，本专利中定义的安全指令如 F2XM1、FABS、FADD/FADDP、FBLD、FBSTP 等包含 WAIT 状态作为指令的一部分，非安全指令如 FINIT、LOOP、LSL、MOV、MUL 等不包含 WAIT 状态作为指令的一部分。

【相关内容】

在 486 之前，处理器通常会有同步指令（如 WAIT）来等待协处理器执行完相关的操作。遇到同步指令，处理器会停止运算，等待协处理器有空后再开始后续指令（如浮点指令）。现有技术处理流程如图 3.20 所示。但有些指令（如部分

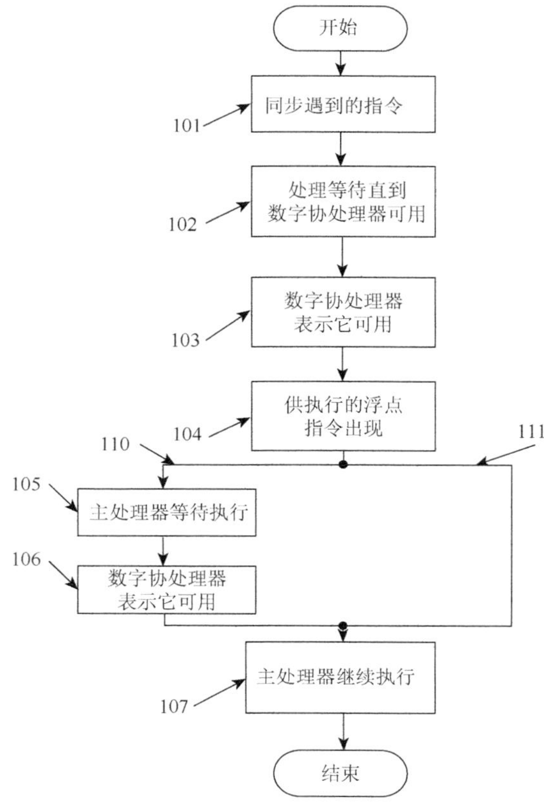

图 3.20　同步指令实现（现有技术）

浮点运算指令）本身已包含了一个 WAIT 状态，会自动等待协处理器有空才执行指令，这类指令在本专利中定义为安全指令，就没必要再执行一个独立的 WAIT 指令了。

US5226127 专利技术中的处理器具有指令预取模块和译码模块。指令预取模块在取得 WAIT 指令后能预取后面的指令。译码模块能判断 WAIT 后预取的指令是不是安全指令。如果不是，则需要等待协处理器；如果是，则可以把 WAIT 指令用空（NULL）指令代替从而可以继续往下执行指令。流程如图 3.21 所示。由于 WAIT 指令需要 3 个时钟周期，而 NULL 指令只需要 1 个时钟周期，从而提高了系统性能。

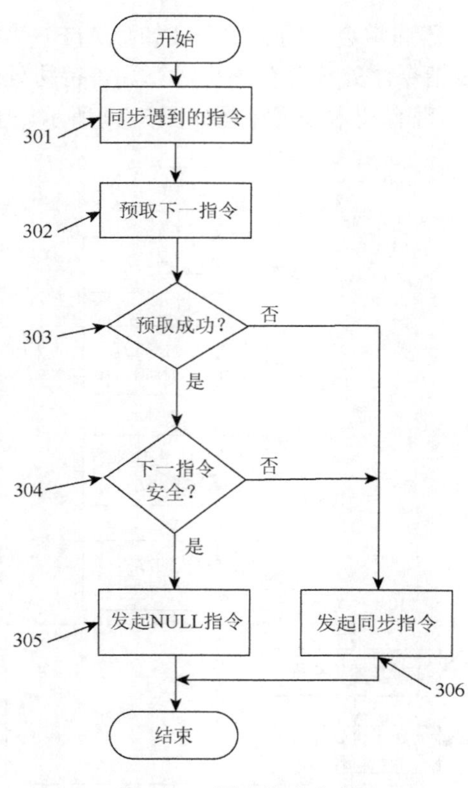

图 3.21　同步指令实现

第 4 章　安全保护类指令集技术专利分析

4.1　高级加密规范新指令集 AESNI 和 PCLMULQDQ 技术专利分析

AES 是由 NIST 于 2001 年发布的联邦信息处理标准 197（Federal Information Processing Standards Publication 197，FIPS 197），并在 2002 年 5 月 26 日成为有效的标准。AES 加密算法广泛应用于信息安全领域。

AES 采用 Rijndael 区块加密标准算法，这是一种对称分组密码算法，可以处理 128 位数据分组或块①，使用的密钥长度为 128 位、192 位或 256 位[5]。总体来说，AES 算法是一种基于替代和置换的算法。它在 10 个、12 个或 14 个连续轮中将明文变换成密文或将密文变换成明文，且轮的数量取决于密钥的长度。该算法的输入和输出均为一个长度为 128 的比特串，也称为块（block），而基本运算单元是字节（8 位）。AES 算法的一些基本概念有以下几个。

输入数据块：需要进行加密、解密的数据块，大小一般为 128 位，假定 32 位为一个字，那么用 Nb = 4 来表示数据块长度。

输出数据块：加密、解密后的数据，大小写与输入数据块相同。

轮（round）：一次 AES 操作，由字节替换、字节行循环、列混合、添加轮密钥四个步骤组成。一个完整的 AES 操作一般有 10 次、12 次或 14 次轮操作。

状态矩阵（state matrix）：每进行一轮 AES 操作后的数据块。

轮密钥（round key）：AES 算法的密钥，长度可以是 128 位、192 位或 256 位，假定 32 位为一个字，那么用 Nk = 4、6 或 8 来表示密钥长度。

密钥扩展（key expansion）：原始的密钥长度 Nk（字），需要进行长度扩展，以满足对每一轮加解密操作中，状态矩阵与密钥相加的需要。

在每一轮的变换中，包括四个以字节（8 位）为导向的字变换。

（1）字节变换（SubBytes）：使用状态表（S-box，S-盒）进行字节替换。

（2）移位行（RowRotation，ShiftRows）：将状态矩阵的每一行进行不同偏移量的位移。

（3）混合列（MixColumns）：将状态矩阵中的每列数据进行混合。

---

① Rijndael 算法还允许处理其他的分组长度和密钥长度，但 AES 标准中不采用。

（4）加轮密钥（AddRoundKey）：把状态矩阵与子密钥相加。

AES 加解密算法流程如图 4.1 所示。图中除了最后一轮的轮操作不包括混合列操作外，其他每轮的操作一致。

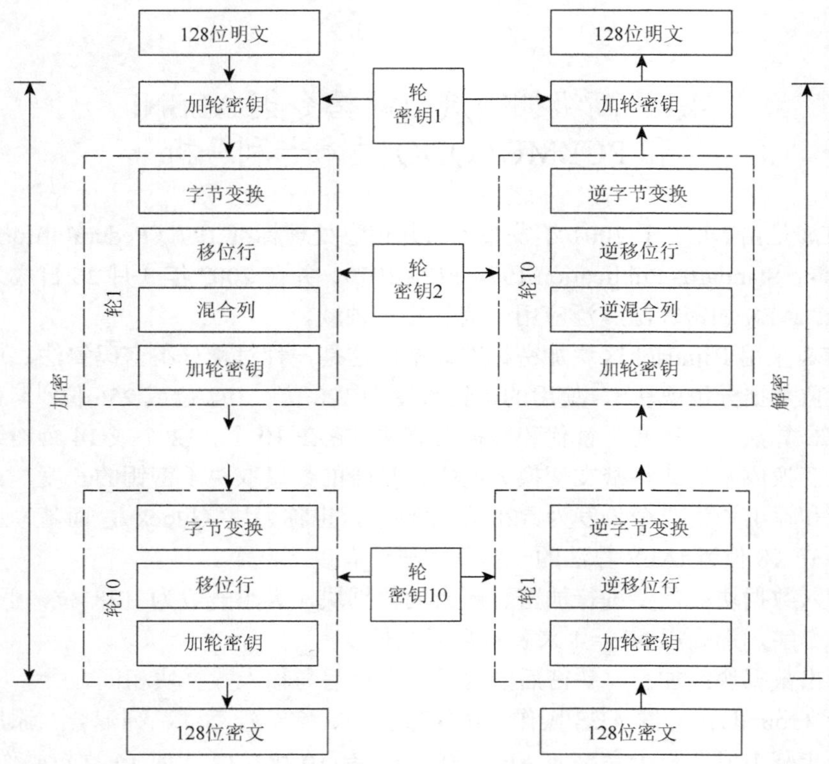

图 4.1　AES 加解密算法流程

加密操作中，原始数据块先与密钥相加，进行第一轮操作，包括字节变换、移位行、混合列、加轮密钥操作，接着又重复了轮操作，重复的轮数与初始密钥长度 Nk 有关。最后一轮不进行混合列操作，最终得到加密后的数据。解密操作与加密操作类似，将上述每一步替换为其逆操作即可。

标准 AES 加解密的“轮”数取决于初始密钥的长度，通常有 10 轮、12 轮、14 轮。而一些非标准 AES 加密算法也可以有不固定的轮数。

4.1.1　标准 AES 算法实现逻辑和 AES 轮指令

标准 AES 算法是一种基于替代和置换的算法，它进行 10 轮、12 轮或 14 轮 AES 加密、解密操作。

【相关专利】

（1）US8538015（Flexible architecture and instruction for advanced encryption standard（AES），2007 年 3 月 28 日申请，预计 2030 年 4 月 30 日失效，中国同族专利为 CN 103152168 B）

（2）US20140003602（Flexible architecture and instruction for advanced encryption standard（AES），2013 年 8 月 29 日申请，预计 2027 年 3 月 28 日失效，中国同族专利为 CN 101622816 B）

【相关指令】

（1）AESENCRYPTRound 指令完成一轮 AES 加密操作，和《手册》中 AESENC 指令的描述一致。

（2）AESENCRYPTLastRound 指令完成最后一轮 AES 加密操作，和《手册》中 AESENCLAST 指令的描述一致。

（3）AESDECRYPTRound 指令完成一轮 AES 解密操作，和《手册》中 AESDEC 指令的描述一致。

（4）AESDECRYPTLastRound 指令完成最后一轮 AES 解密操作，和《手册》中 AESDECLAST 指令的描述一致。

（5）AESNextRoundKey 和 AESPreviousRoundKey 指令分别生成下一轮和上一轮 AES 操作的密钥，《手册》中未公开相关操作指令。

专利中说明的指令格式如图 4.2 所示。

AESENCRYPTRound xmmsrcdst xmm
　输入：　数据（= 目标），循环密钥
　输出：　使用循环密钥通过AES循环进行转换之后的数据

AESENCRYPTLastRound xmmsrcdst xmm
　输入：数据（= 目标），循环密钥
　输出：使用循环密钥通过AES最后一个循环进行转换之后的数据

AESENCRYPTRound xmmsrcdst xmm
　输入：数据（= 目标），循环密钥
　输出：使用循环密钥通过AES循环进行转换之后的数据

AESENCRYPTLastRound xmmsrcdst xmm
　输入：数据（= 目标），循环密钥
　输出：使用循环密钥通过AES最后一个循环进行转换之后的数据

AESNextRoundKey xmmsrc1, 2 xmm dst（immediate）
　输入：密钥的低128位，密钥的高128位，循环数的指示符
　输出：从输入导出的下一个循环密钥

AESPreviousRoundKey xmmsrc1, 2 xmm dst（immediate）
输入：密钥的低128位，密钥的高128位，循环数的指示符
输出：从输入导出的上一个循环密钥

图 4.2 AES 指令集指令格式

【相关内容】

专利 US8538015 和 US20140003602 描述了用于通用处理器的灵活 AES 指令集及其硬件架构。该指令集包括用于执行 AES 加密或解密的“一轮”指令，并且包括用于执行密钥生成的指令。可以使用立即数来指示循环数和密钥长度，用于生成 128/192/256 位密钥。由于灵活 AES 指令集不要求跟踪隐式寄存器，所以可以充分利用流水线能力。其指令格式如图 4.2 所示。通过这些指令即可完成 AES 算法操作。

AES 算法的实现流程如前面所述，执行 AES 加解密的模块示例如图 4.3 所示，其中包括如下模块：寄存器堆用于保存源操作数、目的操作数以及密钥；密钥调度器用于生成在 AES 算法中使用的密钥；控制逻辑存储 AES 的操作是加密还是解密、是否为最后一轮等参数；AES 轮逻辑执行轮操作。AES 轮逻辑包含系列微操作：块状态将 128 位输入（状态）和密钥按位异或生成 128 位临时值；S-盒/逆 S-盒进行字节替换或者逆字节替换；移位行进行行移位操作；混合列/逆混合列或空进行列变换、逆列变换或者空操作。

US8538015 与 US20140003602 通过在处理器的执行模块中添加上述硬件逻辑，加速 AES 操作的执行，实现 AES 算法。

US8538015 声明了处理器中的执行单元和密钥调度器（key scheduler），以及 AES 轮操作逻辑和轮操作指令，其硬件逻辑如图 4.3 所示。需要注意的是该专利权利要求中并未保护密钥生成指令。

US20140003602 着重保护了密钥调度器和 AES 轮操作逻辑。与 US8538015 不同的是，这里声明的密钥调度器和 AES 轮操作逻辑不局限于处理器内部。

4.1.2 非标准 AES 算法指令及其实现

标准 AES 算法完成 10 轮、12 轮、14 轮加密、解密操作，而为了增加算法复杂度，非标准（即任意轮数的）AES 加密、解密算法也广泛应用于信息安全领域。本节介绍针对通用处理器的灵活 AES 指令，这些指令被用来进行 n 轮 AES 加密或解密，这里的 n 包括标准 AES 轮数集{10，12，14}，也包括其他任意指定轮数。一个参数被用来指定进行 AES 的轮的类型，即该轮是不是“最后一轮”。

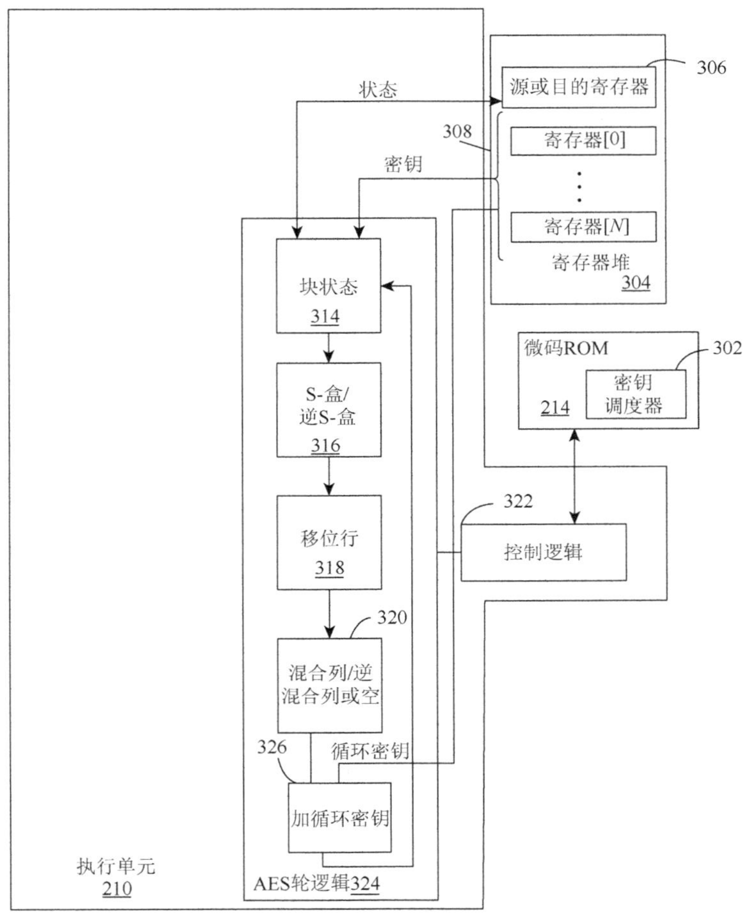

图 4.3　执行 AES 加解密的模块示例

【相关专利】

（1）US7949130（Architecture and instruction set for implementing advanced encryption standard，2006 年 12 月 28 日申请，预计 2030 年 2 月 20 日失效）

（2）US8634550（Architecture and instruction set for implementing advanced encryption standard，2011 年 4 月 15 日申请，预计 2027 年 2 月 20 日失效）

【相关内容】

US7949130 和 US8634550 提出了一套灵活 AES 指令及其对应的硬件逻辑，实现了灵活 AES 算法。

US8534550 声明了一系列灵活 AES 指令，通过执行这些灵活 AES 指令，可以完成 AES 加密、解密和密钥生成等操作。

US7949130 声明了执行这些灵活 AES 指令的硬件执行单元，执行单元能够按照指令的指示，完成对应“轮”的灵活 AES 操作。

其硬件逻辑如图 4.4 所示，和标准 AES 硬件逻辑相比增加了及时调度器（on the fly scheduler）为每一轮操作产生所需密钥以及异或门（XOR gate）进行添加轮密钥操作。

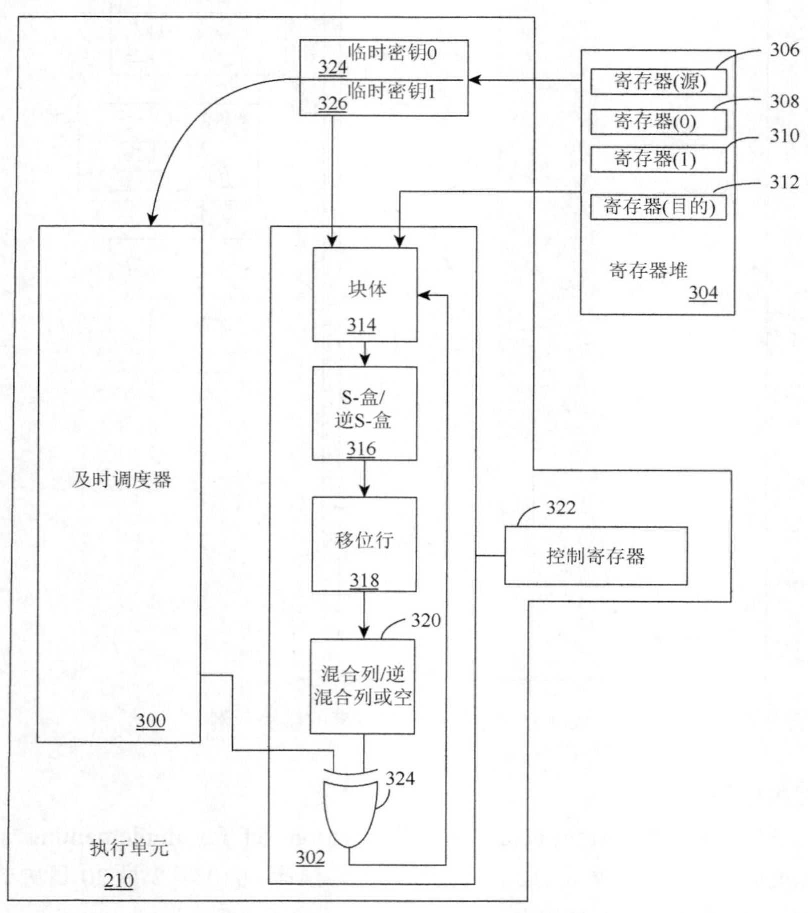

图 4.4　非标准 AES 轮操作硬件逻辑

灵活 AES 加密、解密操作流程如图 4.5 所示。于是，本专利通过在处理器的执行模块中添加上述硬件逻辑，加速灵活 AES 操作的执行，实现灵活 AES 算法。

对于标准的 AES 加密、解密算法，根据不同的密钥长度，进行 10 轮、12 轮或 14 轮操作。由于每执行一条 AES 加密或解密指令，即完成了一轮加密或解密操作，因此可以“灵活”地使用 AES 指令，除了支持标准 AES 外，可以进行任意轮数的 AES 操作，即非标准 AES 算法，甚至可以只进行“一轮循环”的 AES 操作。“灵活”AES 指令的实现仅需在执行指令时指明操作轮数即可，无须改变硬件逻辑。

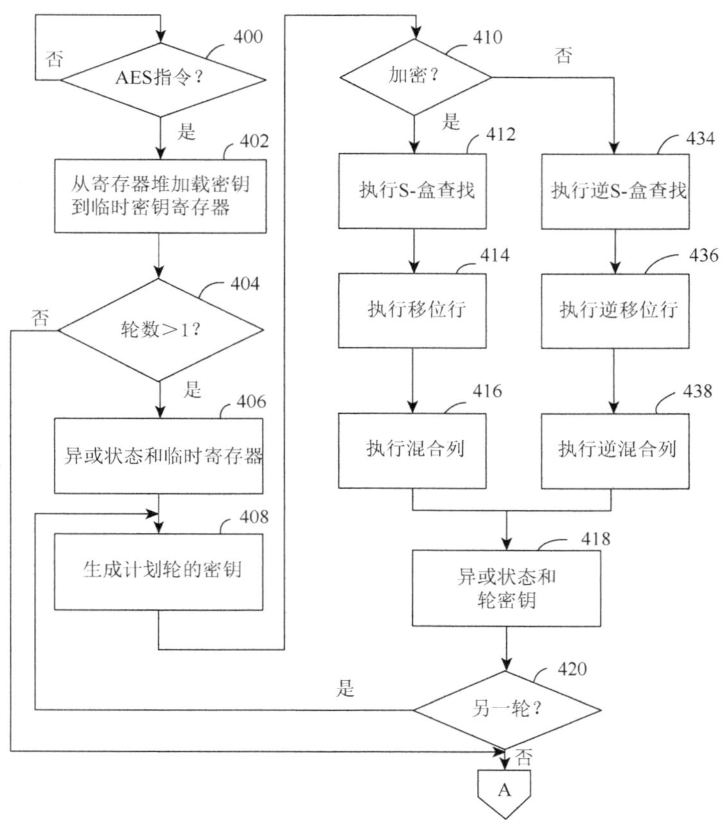

图 4.5　灵活 AES 指令执行流程

4.1.3　轮密钥生成指令及其实现

每一轮的 AES 加密、解密算法都需要轮密钥，本节介绍 AES 算法中轮密钥生成的逻辑实现和指令。第 1 部分专利保护的轮密钥生成指令和《手册》中相关指令一致；第 2 部分专利保护的是一次性生成所有轮密钥的方法。

1. 轮密钥的及时生成

轮密钥的及时（on-the-fly）生成，即在每轮 AES 操作前刚好产生当轮所需的轮密钥。

【相关专利】

（1）US8787565（Method and apparatus for generating an advanced encryption standard（AES）key schedule，2007 年 8 月 20 日申请，预计 2031 年 8 月 13 日失效）

（2）US8913740（Method and apparatus for generating an advanced encryption standard（AES）key schedule，2013 年 3 月 8 日申请，预计 2027 年 8 月 20 日失效）

【相关指令】

AESKEYGENASSIST（assist the creation of round keys with a key expansion schedule，协助密钥扩展计划生成轮密钥）指令使用源操作数中指定的 128 位数据和立即数指定的 8 位轮常数，通过计算步骤生成轮密钥，结果存储在目的操作数的 XMM 寄存器中，源操作数是 XMM 寄存器或 128 位存储位置。

【相关内容】

US8913740 技术方案包括译码器与执行单元，根据 AESKEYASSIST 指令的指示完成轮密钥的生成。

AES 块加密需要的密钥长度为 128 位、192 位或者 256 位，基于不同的密钥长度，分别完成 10 轮、12 轮或 14 轮加密操作。对于每一轮加密操作，需要生成一个对应的轮密钥。轮密钥的生成一般刚好提前于轮操作，使用隐式 128 位寄存器来存储。然而，使用隐式寄存器会降低 x86 处理器的性能，因为密钥生成的结果依赖于前一条指令。US8913740 提供了灵活的指令和架构，用于在一个通用处理器中生成 AES 密钥调度。

AES 算法得到初始密钥 K，然后执行密钥扩展步骤，即执行 AESKEYGENASSIST 指令以产生所有的子密钥。密钥扩展总共产生 Nb（Nr + 1）个 32 位字，这里 Nb 指示明文长度输入的每块有多少个 32 位字（例如，块为 128 位，则 Nb = 4），Nr 为轮数。算法初始需要一个 Nb 个 32 位字的集合，接着每个轮操作都需要 Nb 个双字的密钥数据。最终的密钥共包含了一个 32 位字的线性数组，用 $w[i]$表示（其中 $0 \leqslant i < \mathrm{Nb}(\mathrm{Nr}+1)$）。

密钥扩展过程的伪代码如图 4.6 所示。

TABLE-US-00001
KeyExpansion(byte key[4*Nk], word w[Nb*(Nr + 1)], Nk) begin word temp i = 0 while (i＜Nk) w[i] = word(key[4*i], key[4*i + 1], key[4*i + 2], key[4*i + 3]) i = i + 1 end while i = Nk while (i<Nb*(Nr + 1)] temp = w [i-1] if (i mod Nk = 0) temp = SubWord(RotWord(temp)) xor Rcon[i/Nk] else if (Nk＞6 and i mod Nk = 4) temp = SubWord(temp) end if w[i] = w[i-Nk] xor temp i = i + 1 end while end

图 4.6　密钥扩展过程的伪代码

SubWord 是一个函数，它以一个 32 位（4 字节）的字为输入，对每个字进行 S-盒替换产生输出字。函数 RotWord 以一个字[a_0，a_1，a_2，a_3]为输入，进行循环置换（cyclic permutation），返回[a_1，a_2，a_3，a_0]。常数数组 Rcon[i]，包含了通过[x^{i-1}，{00}，{00}，{00}]得到的值，x^{i-1} 是有限域 GF（2^8）中 x 的幂。这里 i 从 1 开始，而不是 0[5]。

从图 4.6 中可以看到，被扩展密钥的前 Nk（初始密钥长度）个字使用初始密钥填充。接下来的每个双字，$w[i]$等于位于它前面的那个字 $w[i-1]$和位于它 Nk 个位置之前的字 $w[i-\mathrm{Nk}]$的异或。对于位于 Nk 整数倍位置上的字，在异或之前，首先对 $w[i-1]$进行变换，紧接着再和一个轮常数 Rcon[i]进行异或。这一变化包括字中一字节的循环移位（RotWord），紧接着对字中每一字节进行 S-盒替换（SubWord）。

值得注意的是，对于 256 位加密密钥（Nk = 8），其密钥扩展与 128 位和 192 位不同。如果 Nk = 8 并且 i–4 是 Nk 的倍数，那么在异或之前先将 $w[i-1]$进行字节替换（SubWord）。

对于密钥生成指令 AESKEYGENASSIST，示例指令格式如下：

```
AESKEYGENASSIST xmm1, xmm2/m128, imm8
```

输入数据保存在 128 位的寄存器 XMM2 中或者存储器 m128 中和一个立即数中。而输出数据被保存在一个 128 位的寄存器 XMM1 中。该指令依照上述方法产生每轮操作所需要的轮密钥。

2. 轮密钥的并行生成

轮密钥除了可以即时生成，即在每次轮加密之前，刚好产生本轮所需要的轮密钥，还可以在整个 AES 算法开始执行前，一次性并行地产生所有轮需要的轮密钥。

【相关专利】

US8855299（Executing an encryption instruction using stored round keys，2007 年 12 月 28 日申请，预计 2027 年 12 月 28 日失效）

【相关内容】

US8855299 描述了一种提供轮密钥的方法，并且声明了实现该方法的硬件逻辑，如图 4.7 所示。专利技术的核心思想是基于执行一条加密指令，生成全部所需的密钥，并将其保存在存储区域中。这样，进行每次轮加密时，只需向存储介质取出该轮所需的密钥，而不用每次都执行密钥扩展操作，从而节约功耗。其中存储区域可以在处理器中或计算机系统中，如图 4.7 所示的 170 或 182。

该方法的示例执行流程如图 4.8 所示，可见执行密钥生成指令，核心为当判断框 218 步骤所有密钥生成结束之后，再接收加密指令进行轮加密操作。

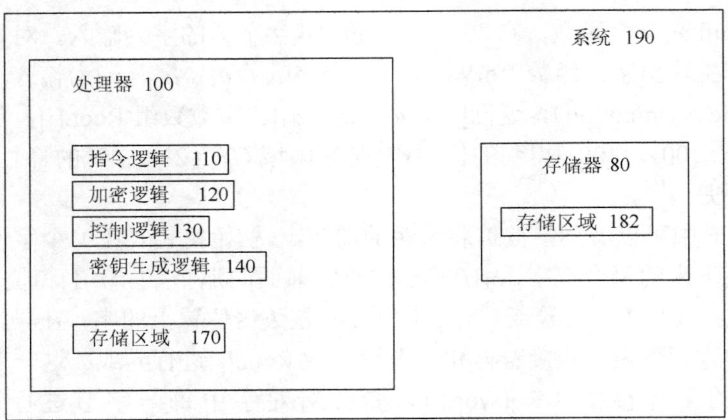

图 4.7　产生轮密钥的硬件逻辑

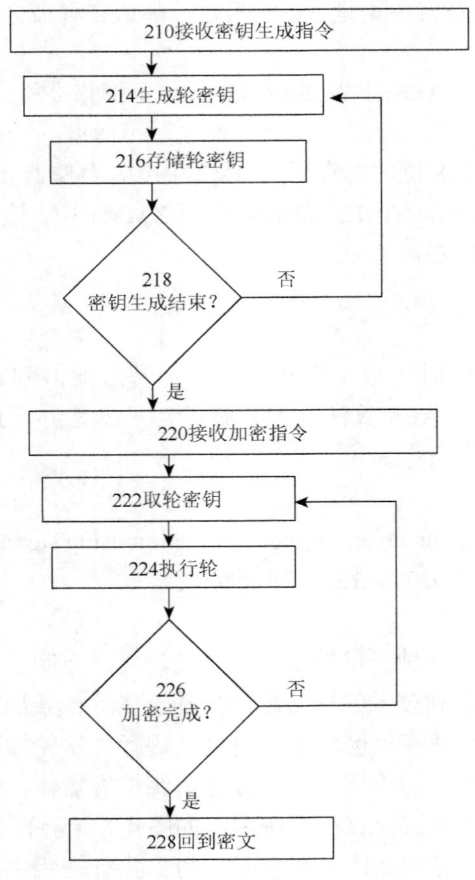

图 4.8　密钥生成流程示例

4.1.4　AES 指令的低硬件开销实现

AES 算法作为一种数据密集型算法，可以通过硬件资源的时分复用降低硬件开销。

【相关专利】

US8189792（Method and apparatus for performing cryptographic operations，2007 年 12 月 28 日申请，预计 2031 年 3 月 19 日失效）

【相关内容】

专利描述和保护了一套用于实现 AES 算法的硬件逻辑，减少了硬件开销，使用 3 个微操作和相比常规方法仅一半的硬件逻辑即可完成一轮 AES 加密操作。这三个微操作是 ROUND.UPPER、ROUND.LOWER 和 MERGE。

图 4.9 描述了一轮 AES 算法的数据通路，输入数据接收了 128 位的数据，其中 127:64 位作为高位（high data bit），63:0 位作为低位（low data bit），高位又被分为较高（upper）和较低（lower）各 32 位两部分，低位同样。如图 4.9 所示，128 位数据只对应了 8 字节（64 位）宽度的数据通路，节约了一半的硬件开销。其中，根据当前执行的微操作是 ROUND.UPPER 还是 ROUND.LOWER，复用器

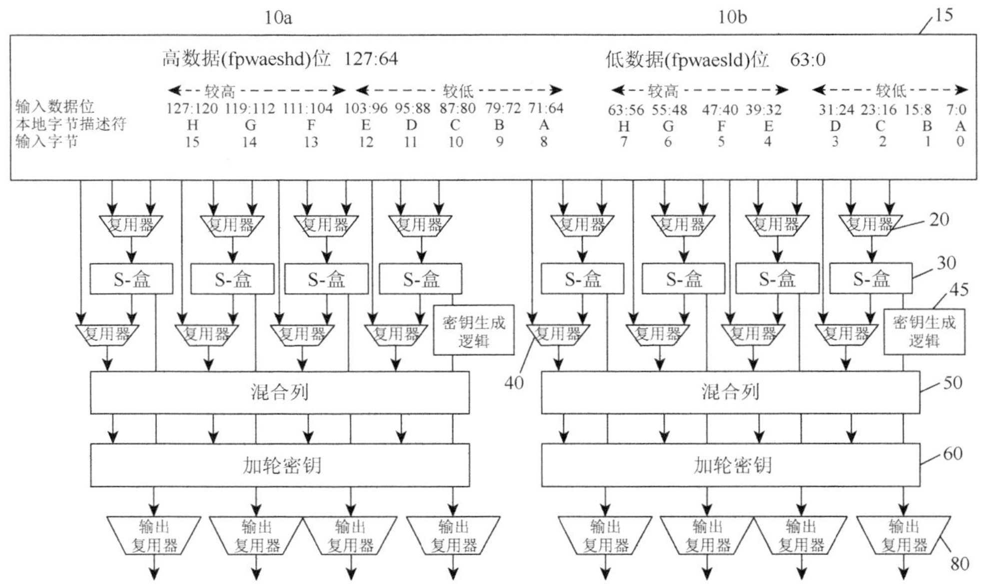

图 4.9　一轮 AES 算法的数据通路

选择需要处理器的输入数据是较高还是较低部分。接着数据被送入 S-盒中，进行字节替换操作。一个占用很少硬件资源的密钥生成逻辑（key generation logic）被用于辅助产生轮密钥。然后，S-盒的结果和密钥生成的结果被送入混合列单元中，进行混合列操作。接着，将轮密钥与混合列的结果相加，得到一轮较高或者较低加密操作的结果。ROUND.UPPER 和 ROUND.LOWER 微操作完成之后，通过 MERGE（合并）微操作将结果结合，得到最终的轮操作的结果。

4.1.5　AES 指令的组合应用

AES 指令除了可以用于对信息进行简单的加密、解密操作，还可以通过指令组合的方式完成特定的数据变换操作。这些指令组合可以是 AESNI 指令集中的指令，也可以是其他 AES 指令。

【相关专利】

US8879725（Combining instructions including an instruction that performs a sequence of transformations to isolate one transformation，2008 年 2 月 29 日申请，预计 2028 年 2 月 29 日失效，中国同族专利为 CN 101520965 B）

【相关内容】

US8879725 描述并声明了一种方法，该方法通过使用现有 AES 轮加密/解密指令或其他指令的组合，实现特定的 AES 变换（如字节变换、移位行、混合列、加轮密钥及其各自的逆变换），从而增加了 AES 指令使用的灵活性。由 AES 指令的组合隔离形成的特定变换可以用于芯片的调试与验证。

在几条 ASENI 指令中，AESENC 指令包括的操作有字节变换、移位行、混合列、加轮密钥；AESENCLAST 包括的操作有字节替换、移位行、加轮密钥；AESDEC 包括的操作有逆字节变换、逆移位行、逆混合列、加轮密钥；AESDECLAST 包括的操作有逆字节变换、逆移位行、加轮密钥。

因此，可以通过上述几条指令的特定组合，完成字节变换、移位行、混合列、逆字节变换、逆移位行、逆混合列等单个 AES 轮操作，即隔离出单个操作。

如图 4.10 所示，该指令序列完成了对混合列操作的隔离。该方法首先执行了一条 AESDECLAST 指令，对原始数据完成了逆字节变换、逆移位行、加轮密钥操作，得到结果 X；接着，执行了一条 AESENC 指令，完成了字节变换、移位行、混合列、加轮密钥操作，得到结果 Y；最终，字节变换操作与逆字节变换操作抵消，移位行操作与逆移位行操作抵消，而轮密钥被设置为 0。因此，这两条指令的组合最终完成了混合列操作。

其他指令组合可以通过类似的方式得到想要隔离的操作。

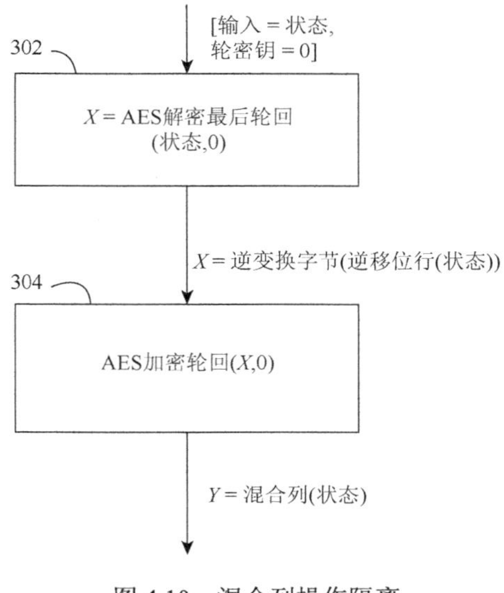

图 4.10　混合列操作隔离

4.1.6　加密模式中的 AES 指令

AES 加密/解密算法与加密模式无直接关系，即一种加密算法可以应用多种加密模式，而一种加密模式也可以应用于多种加密算法。

密码块链接（cipher-block chaining，CBC）模式：这种模式是先将明文切分成若干小段，然后每一小段与初始块或者上一段的密文段进行异或运算后，再与密钥进行加密。

电子密码本（electronic codebook，ECB）模式：这种模式是将整个明文分成若干个相同的小段，然后对每一小段进行加密。

计算器（counter，CTR）模式：计算器模式不常见，在这种模式中，有一个自增的算子，这个算子用密钥加密之后的输出和明文异或的结果得到密文，相当于一次一密。这种加密方式简单快速，安全可靠，而且可以并行加密，但是在计算器不能维持很长时间的情况下，密钥只能使用一次。

1. 多种加密模式下的 AES 指令

本节介绍在任意加密模式下，使用一条 AES 指令完成多个数据块的 AES 加密、解密操作。

【相关专利】

（1）US8538012（Performing AES encryption or decryption in multiple modes with a single instruction，2007 年 3 月 14 日申请，预计 2031 年 5 月 30 日失效，中国同

族专利为 CN 101272238 B）

（2）US20130202106（Performing AES encryption or decryption in multiple modes with a single instruction，2013 年 3 月 8 日申请，已失效）

【相关指令】

AESENCRYPT 指令以及 AESDECRYPT 指令，指令描述见相关内容。《手册》未公开相关指令。

【相关内容】

本节相关专利提供了 AES 加密和解密指令，即 AESENCRYPT 指令和 AESDECRYPT 指令，可以在多种模式下实施 AES 加密或解密操作。

US8538012 声明了用于在多模式下实施 AES 加密、解密操作的指令，该指令的第一个操作数用于指明加密模式，第二个操作数与第一个操作数的异或结果作为 AES 操作的输入数据。

在计算机系统中，期望有一个或多个针对专用于 AES 加密、解密的处理器的指令。AES 可以用于多种模式，一种是 CBC 模式，一种是 ECB 模式，一种是 CTR 模式。本节专利主要解决了在处理器中利用单指令完成多模式的 AES 加密、解密的问题。指令格式示例如下：

```
AESENCRYPT (arg1)xmmdestination,(arg2)xmmsource/memory
AESDECRYPT (arg1)xmmdestination,(arg2)xmmsource/memory
```

在加密情况下，arg2 提供明文，arg1 将会是密文；在解密情况下，arg2 是密文，而 arg1 是明文。

ECB 模式：这种模式是将整个明文分成若干个相同的小段，然后对每一小段进行加密，图 4.11 概念性地描述了用于 ECB 模式的 AES 加密指令。AESENCRYPT 有两个操作数，用一个密钥对来自 arg2 的明文进行加密。

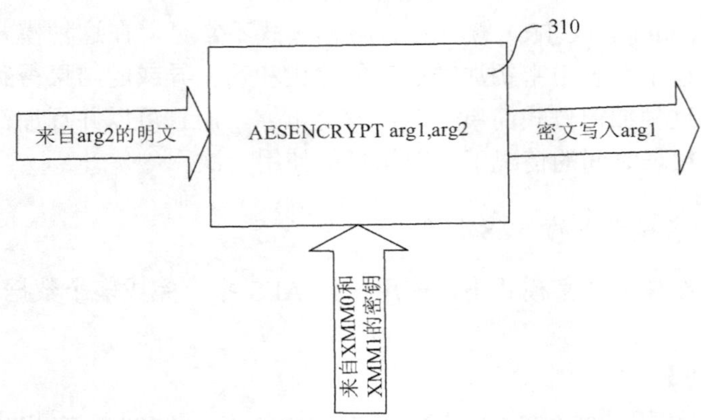

图 4.11　ECB 模式 AES 加密指令

CBC 模式：这种模式是先将明文切分成若干小段，然后每一小段与初始块或者上一段的密文段进行异或运算后，再与密钥进行加密，如图 4.12 所示，AESENCRYPT 具有两个操作数，其中一个操作数 arg2 提供将被加密的明文。在 CBC 模式中，另一个操作数 arg1 提供来自先前加密块的"旧的"密文。AESENCRYPT 在进行 AES 加密之前，将两个操作数进行异或操作。

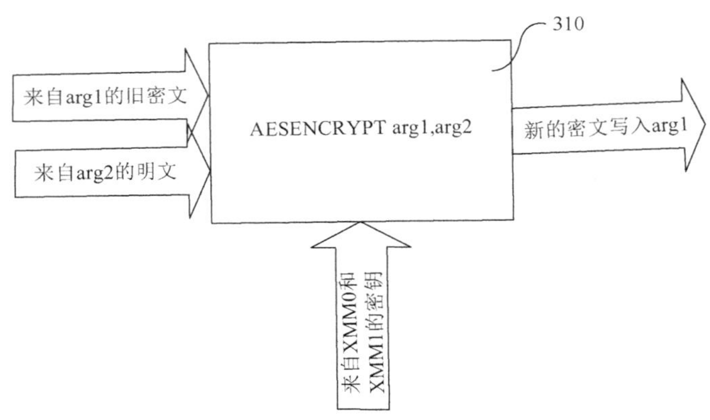

图 4.12　CBC 模式 AES 加密指令

图 4.13 描述了用于 CBC 模式的两个链接的 AES 加密指令，直观地显示了前一个加密指令的结果与后一个加密指令的明文被一起送入了第二条加密指令。

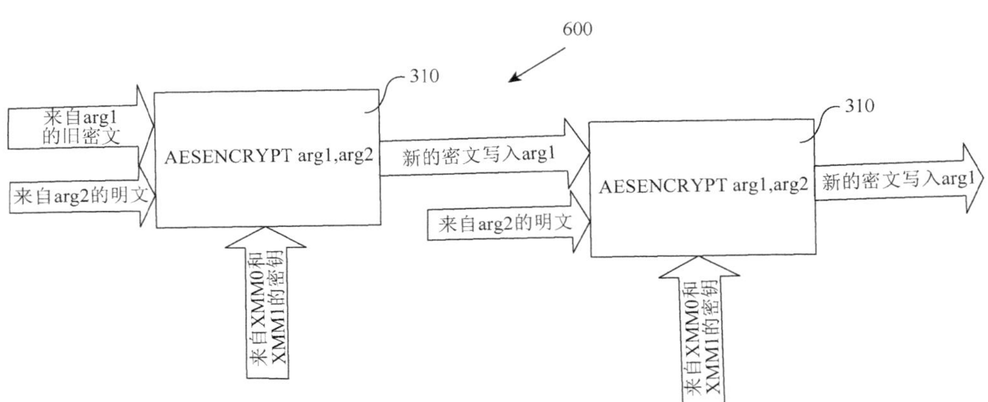

图 4.13　CBC 模式两个链接的 AES 加密指令

CTR 模式：在 CTR 模式中，有一个自增的算子，这个算子用密钥加密之后的输出和明文异或的结果得到密文，相当于一次一密，图 4.14 描述了用于 CTR

模式的 AES 加密指令。AESENCRYPT 具有两个操作数，其中一个操作数 arg2 提供将被加密的计数器值，另一个操作数 arg1 提供将被加密的明文，在加密后由 AESENCRYPT 将其与明文进行异或。

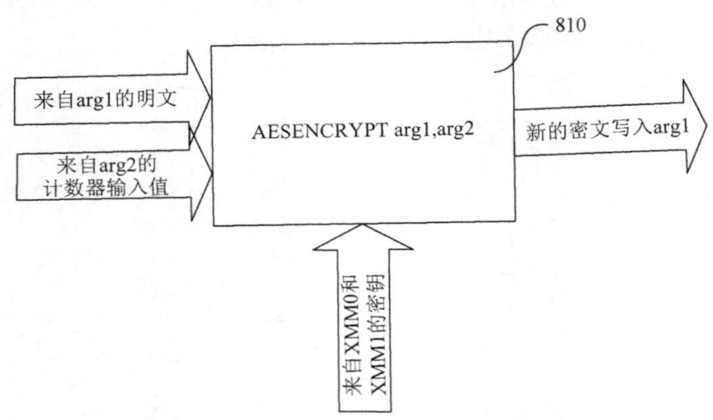

图 4.14　CTR 模式 AES 加密指令

2. 加密模式下 AES 指令的并行执行

本节介绍在一种加密模式下，使用 AES 指令并行地完成多个数据块的 AES 加密、解密操作。

【相关专利】

US8600049（Method and apparatus for optimizing advanced encryption standard（AES）encryption and decryption in parallel modes of operation，2012 年 5 月 10 日申请，预计 2028 年 2 月 27 日失效，中国同族专利为 CN 101520966 B）

【相关内容】

专利描述和声明了一种并行加密、解密技术方案，即通过并行加密（解密）多个数据块，AES 轮指令的等待时间效应被减少，致使执行 AES 加密、解密运算所需的总等待时间减少。在并行运算模式中，可通过在每一个周期分派 AES 轮指令来执行不同数据块独立的加密（解密），而无须等到前一个指令完成。

如前面所述，AES 加密、解密算法与加密模式无直接关系，即一种加密算法可以应用多种加密模式，而一种加密模式也可以应用于多种加密算法。

由于在 CBC 模式中，后一条指令的操作数是前一条指令的结果，因此无法并行执行。而 ECB 模式和 CTR 模式是并行运算的模式。在传统的 AES 指令的逻辑实现中，数据块的加密顺序完成，耗费很多时钟周期。而本专利提出的技术方案是，在并行运算模式中，可通过在每一个周期分派 AES 轮指令来执行不同数据块独立的并行加密（解密），而无须等到前一个指令完成。

并行模式下的 AES 指令执行过程如图 4.15 所示。在 300 步骤，将待加密、解密的多个数据块存储在多个寄存器中。为了实现性能最大化，用于存储不同数据块的寄存器数应等于 AES 轮指令的指令延迟周期数。这允许在每个周期分派一个 AES 轮指令，使得可以并行处理多个不同的数据块。

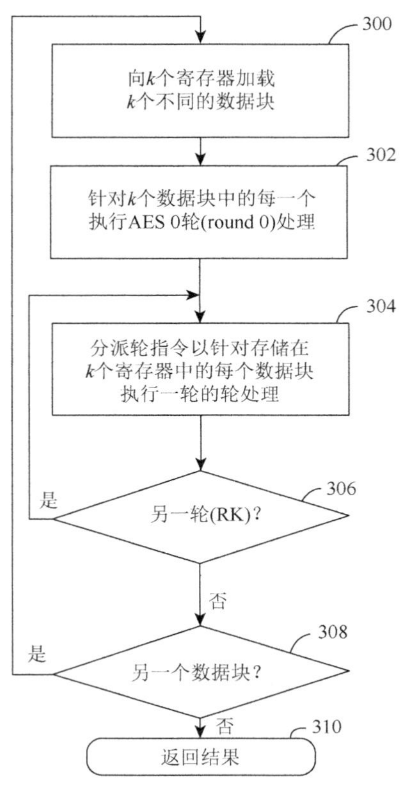

图 4.15　并行模式下的 AES 指令执行过程

RK 是存储轮密钥的缓冲器

在 302 步骤，第 0 轮的加密、解密操作不同于其他轮。因此，对每个寄存器中保存的数据块顺序地执行第 0 轮加密、解密操作。

在 304 步骤，向所有其他轮（如 AES-128 的第 1 轮至第 10 轮）分派相同的 AES 轮指令。通过并行的硬件执行单元，使用与当前轮对应的轮密钥，在每个周期，向每个数据块分派一个 AES 指令，对 k 个连续的数据块并行地执行 AES 轮运算指令。

在 306 步骤，如果还有另一轮运算需要执行，那么继续处理直至已完成该轮操作，如果没有，则继续到 308 步骤。如果有其他数据块需要进行 AES 运算，则返回到 300 步骤，向 k 个寄存器加载接下来需要处理的数据块，重复前述操作。如果没有，则到 310 步骤返回 AES 结果。

4.1.7　用 PCLMULQDQ 指令加速 GCM 认证模式计算

伽罗瓦计数器模式（Galois counter mode，GCM）认证模式计算的过程如图 4.16 所示。上半部分为分组加密方法，消息 104 被分成若干组，每组从明文加密为密文；第一组产生的密文 1 和初始散列值 0 异或运算后在有限伽罗瓦域乘以散列密钥，得到散列值 1；散列值 1 和密文 2 异或，再在有限伽罗瓦域乘以散列密钥，即得到散列值 2；按此进行操作直至处理完最后一组密文，得到消息摘要。

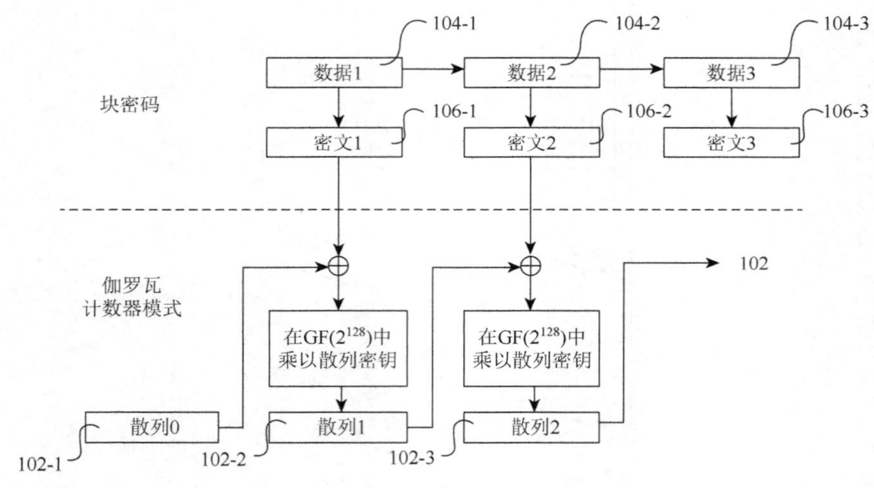

图 4.16　GCM 示例图

在上述 GCM 计算中，现有技术方案有两种：①利用查找表的基于软件的技术，通常耗时并占用较多资源；②基于硬件的技术如密码处理器，处理器采用特定有限域多项式的异或门树执行归约（reduction），硬件成本较高。

【相关专利】

US8340280（Using a single instruction multiple data（SIMD）instruction to speed up galois counter mode（GCM）computations，2008 年 6 月 13 日申请，预计 2031 年 10 月 1 日失效）

【相关指令】

PCLMULQDQ（perform carryless multiplication of two 64bit numbers，执行两个 64 位数的无进位乘法）指令根据立即数字节（第 0 位和第 4 位）的值选择每个

第一源操作数和第二源操作数中的两个四字（64 位）执行无进位乘法。

【相关内容】

本专利技术公开了一种使用若干条单条 SIMD 无进位乘法指令 PCLMULQDQ 加速 GCM 认证的方法和系统，能节省操作时间和硬件成本。专利保护的方法如图 4.17 所示。

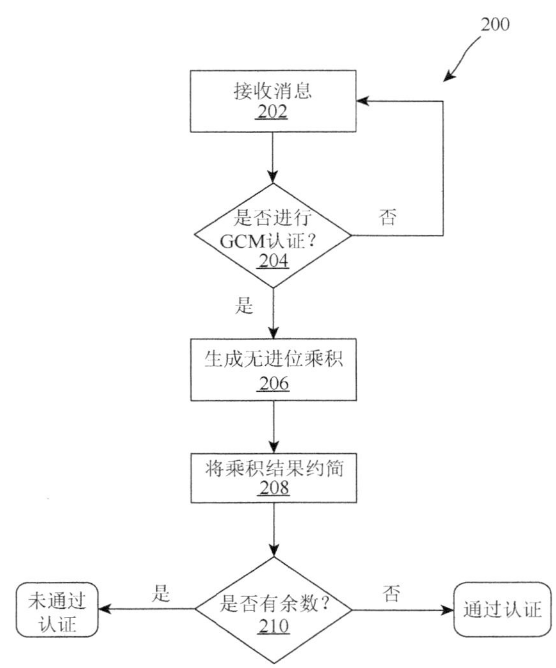

图 4.17　使用了单条 SIMD 无进位乘法指令的 GCM 计算示意图

专利说明书中还描述了无进位乘法 PCLMULQDQ 指令，指令根据立即数 imm8 指定的第一操作数中的低或高 64 位和第二操作数中的低或高 64 位进行无符号乘法，并存储 128 位结果到第一操作数。指令格式示例为 PCLMULQDQ xmm1，xmm2/m128，imm8。需要注意的是本专利权利要求保护的是采用了该指令的 GCM 计算，并未直接保护以上无符号乘法指令和执行。

4.2　安全模式扩展指令集技术专利分析

电子商务和企业对企业交易现在正变得流行并日益全球化，为了保护计算机系统的完整性，防止病毒破坏，计算机安全正变得越来越重要。

4.2.1　隔离模式指令

【相关专利】

US6507904（Executing isolated mode instructions in a secure system running in privilege rings，2000 年 3 月 31 日申请，已失效，中国同族专利为 CN 1308783C）

【相关内容】

现有防范攻击主要采用反病毒程序，反病毒程序主要技术缺点包括：①只能检测已知病毒；②预设被扫描文件是安全的，即未被病毒感染；③仅能在本地使用。专利技术通过设定特权环的方式，实现程序在隔离模式下运行，以支持处理器结构级的商业安全性。

专利技术核心是生成一个隔离区，隔离区受到计算机系统中处理器和芯片组的双重保护。隔离区可以在内存中，也可以在高速缓存中。专利技术引入隔离模式下的初始化指令（iso_init）和关闭指令（iso_close）、进入指令（iso_enter）和退出指令（iso_exit）、读配置指令（iso_config_read）和写配置指令（iso_config_write），以支持隔离模式的程序运行。通过执行单元执行隔离指令，处理器可以被配置为正常执行模式和隔离执行模式。操作系统和处理器被划分为几个等级——环的层次结构，从内到外依次为环-0、环-1、环-2 和环-3，层级特权从高到低。特权高的环可以访问特权低的环，反之不可。隔离模式下运行程序如图 4.18 所示，可见隔离模式可以存在于环-0 到环-3。

4.2.2　安全环境初始化指令

安全环境初始化指令涉及“可信”或“安全”微处理器环境的建立，应用场景包括在本地或远程微型计算机上执行的金融和个人事务；内容供给者设法保护数字内容不在未经授权的情况下被复制。

【相关专利】

（1）US7069442（System and method for execution of a secured environment initialization instruction，2002 年 3 月 29 日申请，预计 2024 年 2 月 5 日失效，中国同族专利为 CN 105608384 B）

（2）US7546457（System and method for execution of a secured environment initialization instruction，2005 年 3 月 31 日申请，已失效）

（3）US9208292（Entering a secured computing environment using multiple authenticated code modules，2013 年 3 月 15 日申请，预计 2029 年 12 月 31 日失效，中国同族专利为 CN 102122327 B）

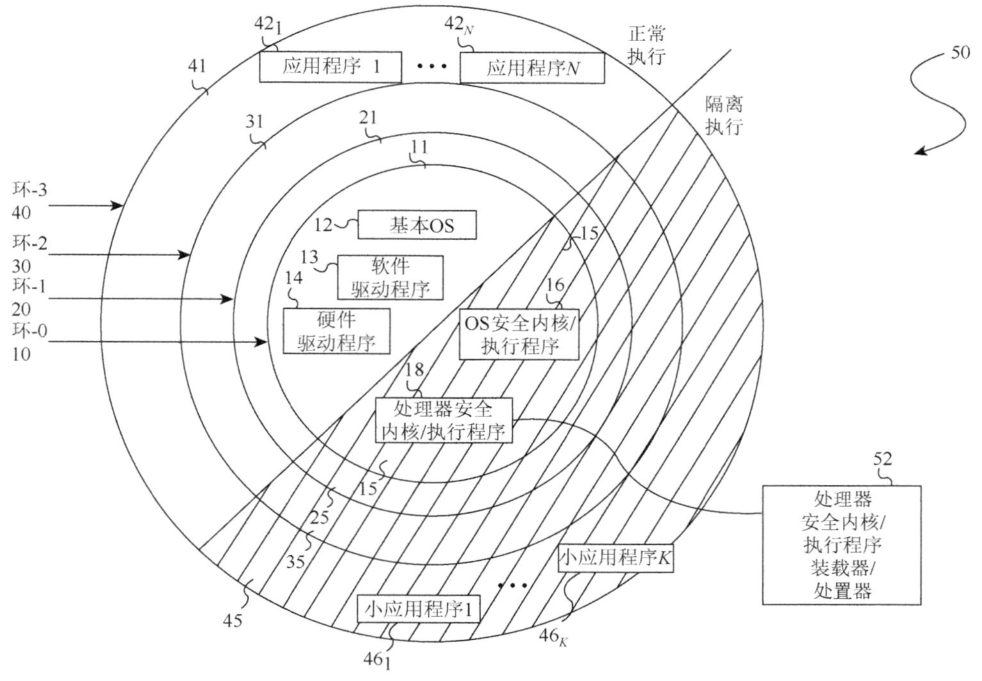

图 4.18　隔离模式下运行程序

【相关指令】

与 x86 安全模式扩展指令 GETSEC[SENTER]的实现方法相关。GETSEC 指令通过不同的叶子函数（leaf function）实现不同的功能，SENTER 是一种叶子函数，实现安全环境的建立。

【相关内容】

现有的可信系统可以包括一套完全封闭的可信软件，优点是实施简单，缺点是不允许同时使用市场上可购的普通操作系统和应用软件，不具备普遍性。

US7546457 和 US7069442 专利家族介绍了基于软件模块安全虚拟机监视器（secure virtual machine monitor，SVMM）的安全机制。专利技术通过引入软件模块 SVMM 以及安全初始化授权码（secure initialization authenticated code，SINIT-AC），实现处理器对虚拟化安全领域的支持。图 4.19 示例了包含本专利技术的可信软件模块和系统环境。

处理器或芯片组的制造商可以生成安全初始化（secure initialization，SINIT）代码，可以信任 SINIT 代码来帮助芯片组 240 的安全启动。为了分配 SINIT 代码，加密散列由全部 SINIT 代码构成，生成一个被称为“摘要”的 160 位值。然后通过由处理器制造商拥有的私钥对摘要进行加密，形成数字签名。当 SINIT 代码与相应数字签名捆绑在一起时，这个组合可以称为 SINIT 授权码（SINIT-AC）280。SINIT-AC 的副本可以在后面被验证。

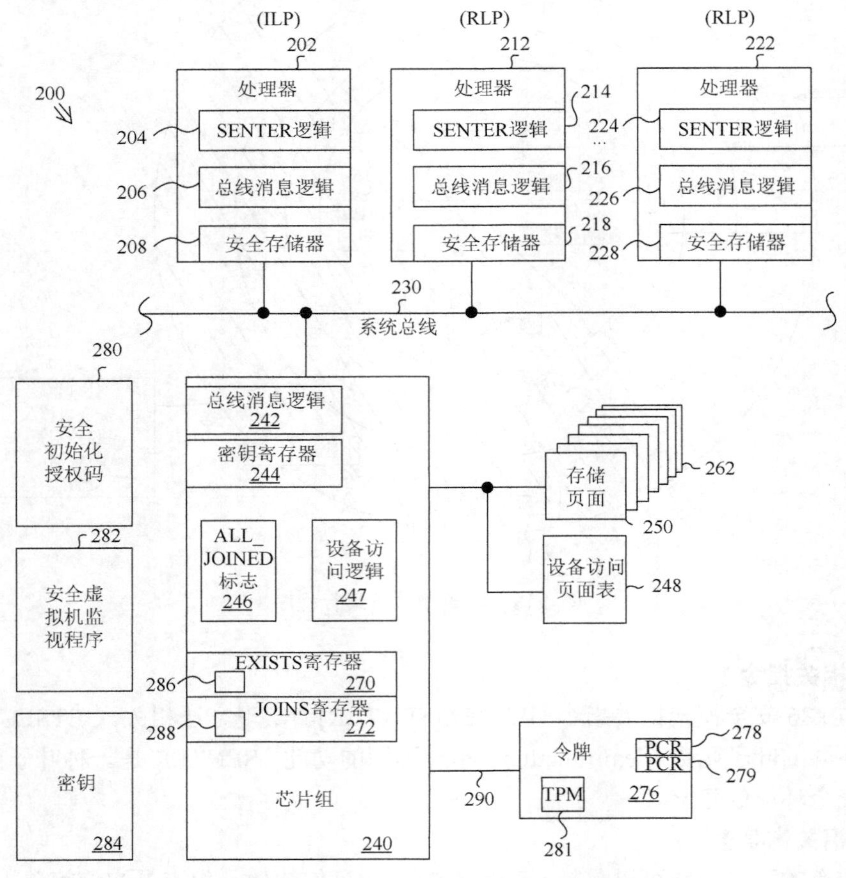

图 4.19　示例性可信软件模块和系统环境

任何逻辑处理器都可以开始安全启动过程，并且可以称为初始化逻辑处理器（initiating logical processor，ILP）。SINIT-AC 280 的存储驻留副本或 SVMM 282 的存储驻留副本都不被认为是可信的，因为另外的处理器设备可以重写存储页面 250～262。

然后，ILP 202 执行专用指令 SENTER，并且可以由 SENTER 逻辑 204 支持。SENTER 指令的执行可以使 ILP 在系统总线 230 上发布专用总线消息，然后等待相当长的时间间隔以进行后续的系统操作。SENTER 执行开始之后，这些专用 SENTER 总线消息在系统总线上广播。除了 ILP 之外的那些逻辑处理器为响应逻辑处理器（responding logical processor，RLP）212 和 222，用内部非屏蔽事件响应 SENTER 总线消息。RLP 必须各自终止当前操作，在系统总线发送 RLP 应答 SENTER 总线消息 ACK 信号，然后进入等待状态。ILP 也在系统总线上发送它自己的 ACK 消息。芯片组 240 可以包含一对寄存器，即 EXISTS 寄存器 270 和 JOINS 寄存器 272。这些寄存器被用来检验 ILP 和所有 RLP 正在适当地响应 SENTER 总线消息。

US9208292 介绍使用多个认证代码模块进入安全计算环境的技术。

处理器可以支持在安全系统环境（secured system environment）中的操作，将系统分为信任的分区和不信任的分区，并阻止不信任的分区对信任的分区的资源的直接访问。系统硬件平台在启动后通过安全进入指令 SENTER 和认证代码模块（authenticated code module，ACM）将所有部件初始化，建立安全系统环境。当系统中存在多种不同的部件时，无法仅通过单一的 ACM 完成安全系统环境的建立。本专利技术通过允许在建立安全系统环境的过程中使用多个 ACM 来解决上述问题。

图 4.20 所示为使用 ACM 进入安全系统环境的系统逻辑框图。在建立安全系统环境时，首先由一个处理器执行 SENTER 指令，并向其他处理器发出总线消息。收到消息的处理器停止运行其他任务，并返回 ACK 应答消息。当所有处理器应答完毕后，将 ACM 载入各处理器的存储空间，开始对安全系统环境进行初始化。专利技术允许不同处理器根据 CPU 的 ID 的不同载入不同的 ACM，以完成不同系统模块的初始化。

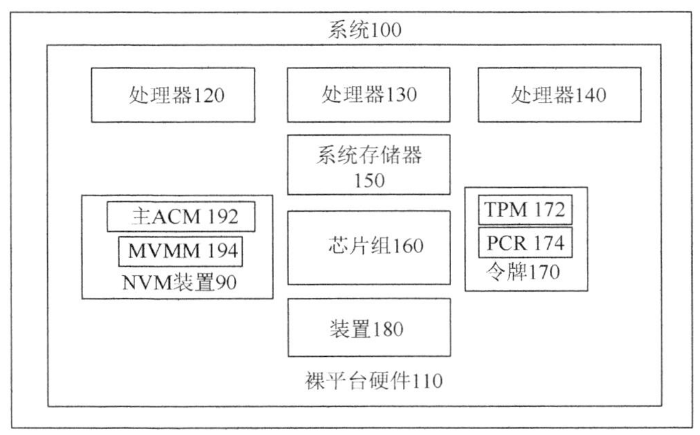

图 4.20　使用 ACM 进入安全系统环境的系统逻辑框图

NVM 为非易失性存储器（non-volatile memory）；MVMM 为可测虚拟机监视器（measured virtual machine monitor）；TPM 为可信平台模块（trusted platform module）；PCR 为平台配置寄存器（platform configuration register）

4.3　安全散列算法指令集

散列（Hash，或称为哈希）就是把任意长度的输入（又称为预映射 pre-image），通过散列算法变换成固定长度的输出，该输出称为散列值或哈希值。该转换是一种压缩映射，即散列值的空间通常远小于输入的空间，不同的输入可能会散列成相同的输出，因此不可能通过散列值来唯一地确定输入值。简单地说，散列就是一种将任意长度的消息压缩到某一固定长度的消息摘要的函数。

安全散列算法（secure Hash algorithm，SHA）是 1993 年美国国家标准与技术研究院在联邦信息处理标准 180 号出版物中规定的加密散列标准，指定了用于计算电子数据或信息压缩的 SHA-1、SHA-224、SHA-256、SHA-384、SHA-512、SHA-512/224 和 SHA-512/256 等安全散列算法[①]。SHA 在加密应用中被大量采用，该类应用主要包括数据完整性、消息认证和数字签名。

鉴于 SHA 应用中使用的绝大多数是 SHA-1 和 SHA-256，英特尔 SHA 扩展指令集仅支持这两种算法（SHA-256 指令隐含支持 SHA-224）。英特尔 SHA 扩展指令集包含用于处理器 SHA 性能加速的 4 条支持 SHA-1 和 3 条支持 SHA-256 的指令[②]。SHA 扩展指令在 2013 年被引入英特尔指令集中，主要用于 SHA-1 以及 SHA-256 的计算。2016 年，英特尔与 AMD 公司分别在 Goldmont 以及 Ryzen 架构中支持 SHA 扩展指令集。本节包含英特尔处理 SHA-1、SHA-256 算法轮操作和消息调度的相关专利[③]。

此外，SHA-3[④]作为下一代安全散列算法标准，不属于之前定义的 SHA 标准。为了安全散列算法标准内容的连贯性，本节内容也包含了 SHA-3 候选算法相关的技术专利分析。

4.3.1　SHA-1 算法、轮操作指令和部分消息调度

在安全散列算法中，SHA-1 是最流行的一个，它对具有最大长度 2^{64} 的消息生成 160 位消息摘要。计算消息摘要时，输入消息首先被补位和附加长度值后，得到 512 位的整数倍消息，再被分成 N 个 512 位的块（block，每块记为 $M^{(i)}$，其中 $i=1\sim N$），SHA-1 依次处理 512 位的消息块。对每个块进行处理需要执行 80 轮重复的轮算法，每轮输入 32 位（32 位定义为“字”）的消息，因此，一个 512 位的消息块仅直接用于前 16 轮的消息数据输入，第 17～80 轮的消息根据之

① 180 号出版物先后有 180-0～180-4 五个替换版本，截至 2015 年底，最新的为 FIPS PUB 180-4。在 2002 年发布的 FIPS PUB 180-2 中，除了包含 1995 年发布的 FIPS PUB 180-1 中推出的 SHA-1 算法外，增加了三个额外的 SHA 变体：SHA-256、SHA-384 和 SHA-512，因此这三者也被称为 SHA-2。

② 指令相关介绍详见：https://software.intel.com/content/www/us/en/develop/articles/intel-sha-extensions.html。

③ 对每块消息进行 SHA 运算时包括并行消息调度和串行压缩方法，分类为软件（算法），不在本节讨论范围内，英特尔相关发明专利参见 2012 年 6 月申请的专利 US8856546 和 US8856547。

④ SHA-3 并未在 FIPS PUB 180 公布，而是在 FIPS PUB 202 公布。

前输入消息字的迭代，通过 SHA-1 标准指定的消息调度函数组合导出。如果 80 轮的输入消息用 W_t 表示，则 W_t 可以表示如下：当 $0 \leqslant t \leqslant 15$ 时，$W_t = M_t$（M_t 即当前进行散列的块中的第 t 个字）；当 $16 \leqslant t \leqslant 79$ 时，$W_t = \mathrm{ROTL}^1(W_{t-3}\ \mathrm{XOR}\ W_{t-8}\ \mathrm{XOR}\ W_{t-14}\ \mathrm{XOR}\ W_{t-16})$，其中 ROTL^1 表示将数据循环左移一位，XOR 表示异或。

SHA-1 每一轮的迭代操作如图 4.21 所示。五个状态变量字 a、b、c、d 和 e 的初始值分别等于 SHA-1 标准给出的初始散列值 H_0、H_1、H_2、H_3 和 H_4。SHA-1 每一轮迭代可以表示如下，其中等式左侧表示下一状态变量字，右侧表示当前状态：

$$a = e + f(b, c, d) + \mathrm{ROTL}^5(a) + W_t + K_t$$

$$b = a$$

$$c = \mathrm{ROTL}^{30}(b)$$

$$d = c$$

$$e = d$$

其中，f 函数表示成如下函数和等式：

$\mathrm{Ch}(b, c, d) = (b\ \mathrm{AND}\ c)\mathrm{XOR}((\mathrm{NOT}\ b)\mathrm{AND}\ d)$，$0 \leqslant t \leqslant 19$

$\mathrm{Parity}(b, c, d) = b\ \mathrm{XOR}\ c\ \mathrm{XOR}\ d$，$20 \leqslant t \leqslant 39$

$\mathrm{Maj}(b, c, d) = (b\ \mathrm{AND}\ c)\mathrm{XOR}(b\ \mathrm{AND}\ d)\mathrm{XOR}(c\ \mathrm{AND}\ d)$，$40 \leqslant t \leqslant 59$

$\mathrm{Parity}(b, c, d) = b\ \mathrm{XOR}\ c\ \mathrm{XOR}\ d$，$60 \leqslant t \leqslant 79$

K_t 是 SHA-1 标准给出的 32 位常数值，用 16 进制表示如下：

K_t = 5a827999，$0 \leqslant t \leqslant 19$

K_t = 6ed9eba1，$20 \leqslant t \leqslant 39$

K_t = 8f1bbcdc，$40 \leqslant t \leqslant 59$

K_t = ca62c1d6，$60 \leqslant t \leqslant 79$

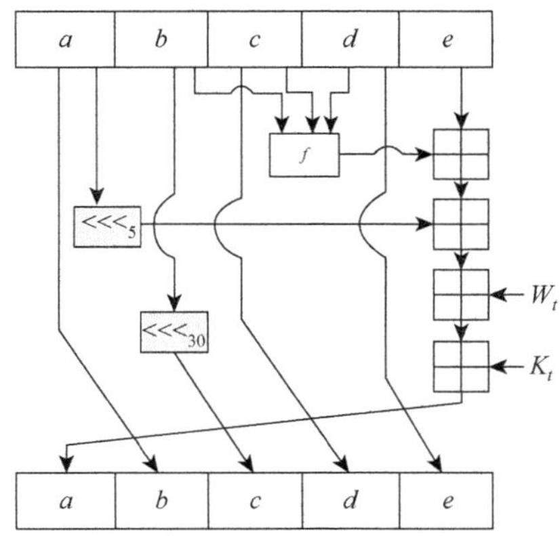

SHA-1压缩功能的一次迭代：
a、b、c、d和e是32位状态字；
f是一个非线性可变函数；
<<<$_n$表示向左的比特旋转n个位置；
n对于每个操作均变化；
W_t是第t轮扩展的消息字；
K_t是第t轮的轮常数；
⊞表示加法模2^{32}。

图 4.21　SHA-1 算法细节图

SHA-1 算法如果用 32 位寄存器和 32 位指令运算，会需要较多的指令、执行单元和处理周期，为了高效地执行该算法，英特尔推出了专用的轮操作指令和消息调度指令，可以更高效地完成算法。

本节包含英特尔的两项关于 SHA-1 轮操作专用指令的专利。两项专利都发明了针对四轮操作的指令，但是指令操作数设置不同，实现方法也不同。根据专利申请时间，英特尔早期申请的专利 US8954754 设想的指令是其中一个操作数是用于存放状态变量 *a*、*b*、*c*、*d* 和 *e* 的至少 160 位的寄存器，如 YMM 寄存器；稍后的 US8874933 专利技术中一个操作数仅包含状态变量 *a*、*b*、*c* 和 *d*，因此仅需要 128 位寄存器。而英特尔在实际推出应用的指令集中采用的指令是后者。

【相关专利】

（1）US8954754（Method and apparatus to process SHA-1 secure hashing algorithm，2011 年 12 月 22 日申请，预计 2031 年 12 月 22 日失效，中国同族专利为 CN 104012032 B）

（2）US8874933（Instruction set for SHA-1 round processing on 128-bit data paths，2012 年 9 月 28 日申请，预计 2032 年 9 月 28 日失效，中国同族专利为 CN 104641346 B）

【相关指令】

（1）SHA1RNDS4（perform four rounds of SHA-1 operation，执行四轮 SHA-1 操作）指令使用第一操作数（源/目的操作数）中初始化的 SHA-1 状态（*a*、*b*、*c*、*d*）和第二操作数中预计算的下四轮消息字的和以及状态变量 *e* 执行四轮 SHA-1 操作。目的操作数存储 SHA-1 四轮后的更新状态（*a*、*b*、*c*、*d*）。

（2）SHA1NEXTE（calculate SHA-1 state variable E after four rounds，计算经过四轮 SHA-1 后的状态变量 *e*）指令从目的操作数中的当前 SHA-1 状态变量 *a* 计算四轮操作后的状态变量 *e*。

【相关内容】

US8954754 专利描述了专用的 SHA-1 四轮操作以及两条消息调度的指令、执行方法和执行指令的处理器。US8954754 专利独立权利要求声明了执行 SHA-1 四轮操作指令和部分消息调度指令的处理器。处理器接收 SHA-1 算法指令两条，第一条指令包含第一操作数用于存储 SHA-1 状态变量，第二操作数用于存储多个消息，第三操作数指定散列函数。执行单元使用该散列函数，对 SHA-1 状态及多个消息执行散列算法。第二条指令基于指令中指定的之前消息，执行部分消息调度。独立权利要求中并未声明部分消息调度方法，如图 4.22 所示。

US8954754 专利给出的执行四轮 SHA-1 轮操作的指令示例如下：

```
SHA1RNDS4 ymm1,ymm2/m128,immd
```

指令包含三个操作数，其中 256 位的 YMM1 寄存器作为状态变量 *a*、*b*、*c*、*d*

和 e 的源和目的操作数，YMM2 寄存器或 128 位内存地址存储接下来四轮消息输入 W 与常数 K 的和 KW0～KW3，立即数指定不同轮所需的不同组合逻辑函数 f。响应该单条 SIMD 指令，从第一操作数中提取 SHA-1 状态字 a～e，从第二操作数检索多个消息输入KW0～KW3，再使用第三操作数中指定的组合逻辑函数，执行四轮 SHA-1 轮操作，更新的状态字存入 YMM1 寄存器。状态字和 KW 如表 4.1 所示存储。

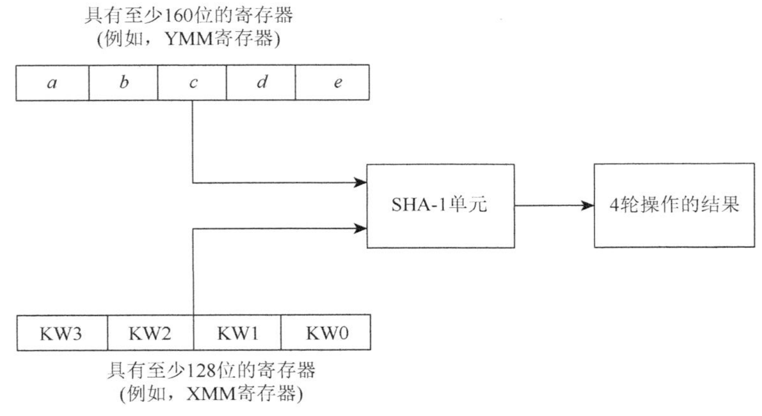

图 4.22　SHA-1 轮操作处理框图（US8954754）

表 4.1　SHA1RNDS4 指令操作数存储示例（US8954754）

寄存器位数	输入 YMM1	输入 YMM2	输出 YMM1
[255:224]	a		4 轮轮操作后更新的 a
[223:192]	b		4 轮轮操作后更新的 b
[191:160]	c		4 轮轮操作后更新的 c
[159:128]	d		4 轮轮操作后更新的 d
[127:96]	e	KW3	4 轮轮操作后更新的 e
[95:64]		KW2	
[63:32]		KW1	
[31:00]		KW0	

注：表中斜线表示可以为任意值。

对于给定的当前轮“i”，第 16～79 轮的消息调度函数定义为 $W[i]$，$W[i] = \mathrm{ROTL}^1(W[i-3]\ \mathrm{XOR}\ W[i-8]\ \mathrm{XOR}\ W[i-14]\ \mathrm{XOR}\ W[i-16])$。SIMD 消息调度指令 MSG1SHA1 和 MSG2SHA1 用于计算下四轮操作的四个消息输入函数 $W[i+3]$、$W[i+2]$、$W[i+1]$和 $W[i]$，以达成 SHA-1 消息调度。简单来说，MSG1SHA1

用于计算公式中的“W[i−8] XOR W[i−14] XOR W[i−16]”部分（结果简记为 W[i]的 msg1）；MSG2SHA1 用于计算 ROTL[1]（W[i−3] XOR msg1），即 W[i]。两条指令格式示例如下：

```
MSG1SHA1 xmm0,xmm1,xmm2
MSG2SHA1 xmm0,xmm1
```

其中，XMM0 为源和目的操作数。第 16～79 轮的 SHA-1 调度消息输入被定义为：

$W(i) = (W(i-3)\text{XOR } W(i-8)\text{XOR } W(i-14)\text{XOR } W(i-16)) << 1$（<<表示逻辑左移）

$\text{msg1} = W(i-8)\text{XOR } W(i-14)\text{XOR } W(i-16)$

对于 MSG1SHA1 指令，执行的操作和寄存器中的数据如表 4.2 所示。

表 4.2 MSG1SHA1 指令操作数存储示例（US8954754）

寄存器位	输入			输出 XMM0（msg1）
	XMM2	XMM1	XMM0	
[31:00]	W(i−16)	W(i−12)	W(i−8)	W(i−8)XOR W(i−14)XOR W(i−16)
[63:32]	W(i−15)	W(i−11)	W(i−7)	W(i−7)XOR W(i−13)XOR W(i−15)
[95:64]	W(i−14)	W(i−10)*	W(i−6)	W(i−6)XOR W(i−12)XOR W(i−14)
[127:96]	W(i−13)	W(i−9)*	W(i−5)	W(i−5)XOR W(i−11)XOR W(i−13)

对于 MSG2SHA1 指令，寄存器中的数据如表 4.3 所示。

表 4.3 MSG2SHA1 指令操作数存储示例（US8954754）

寄存器位	输入		输出 XMM0
	XMM0	XMM1	
[31:00]	W(i−4)*	W(i)的 msg1	W(i) = W(i−3)XOR(W(i)的 msg1)的结果向左循环移位 1 位
[63:32]	W(i−3)	W(i + 1)的 msg1	W(i + 1) = W(i−2)XOR(W(i + 1)的 msg1)的结果向左循环移位 1 位
[95:64]	W(i−2)	W(i + 2)的 msg1	W(i + 2) = W(i−1)XOR(W(i + 2)的 msg1)的结果向左循环移位 1 位
[127:96]	W(i−1)	W(i + 3)的 msg1	W(i + 3) = W(i)XOR(W(i + 3)的 msg1)的结果向左循环移位 1 位

表 4.2 和表 4.3 中带“*”的值实际在运算中并未使用。

专利 US8874933 描述了与 US8954754 专利不同的，在 128 位路径上执行 SHA-1 四轮操作、状态字计算操作和消息调度的方法、处理器和系统。独立权利要求中仅声明了至少四轮操作相关的内容。US8874933 专利给出的用于四轮操作的指令示例如下：

```
SHA1RNDS4 xmm0,xmm1,imm
```

第一操作数 XMM0 是源和目的操作数，存储 SHA-1 算法五个状态字中的四个（如 a、b、c 和 d）输入，以及输出四轮后的五个状态字中的四个状态的更新值；第二操作数 XMM1 存储用于之后四轮的、与剩余 1 个 SHA-1 状态（如 e）结合的消息输入 W 和常数 K 值；立即数指定用于各轮的函数 f 的定义。执行操作和寄存器中的数据如表 4.4 所示。

表 4.4　SHA1RNDS4 指令操作数存储示例（US8874933）

寄存器位	输入		输出 XMM0
	XMM0	XMM1	
[127:96]	a_n	KW3	a_{n+4}
[95:64]	b_n	KW2	b_{n+4}
[63:32]	c_n	KW1	c_{n+4}
[31:00]	d_n	KW0 + e_n	d_{n+4}

表 4.4 中 n 表示当前轮，$n+4$ 表示下四轮中的第一轮；寄存器中存储 KW0 + e_n 而不用存储单独的状态变量 e 是基于算法中 e 不会单独用于迭代，都是和 KW 相加再加上其他函数值等；并且用于四轮迭代中的后三轮迭代的 e 都可以简单通过其他输入状态字简单移位获得，因此可以节省寄存器位数。

用于下四轮中的第一轮的 e_{n+4} 需要单独计算后才能与 KW 相加。e_{n+4} 可以将 a_n 循环左移 30 位得到。因此专利还发明了计算下四轮的第一轮 e_{n+4} 的指令，示例如下：

```
SHA1NEXT_E xmm0,xmm1
```

其中，xmm0[31:0]等于 xmm1[127:96]循环左移 30 位。以上描述的轮操作和状态字计算操作示例见图 4.23。

US8874933 描述的消息调度与 US8954754 不同，需要三条指令执行。前两条指令计算两个源操作数的异或值，存入目的操作数，第三条指令计算两个源操作数的异或值后再循环左移 1 位后存入目的操作数。图 4.24 中流水线 401 和 402 级描述了消息调度指令执行方法。US8874933 专利中给出的指令示例如下：

```
MSG1SHA1 xmm0,xmm1
VPXOR xmm0,xmm1
MSG2SHA1 xmm0,xmm1
```

以寄存器[31:0]位数据为例，输入 xmm0[31:0] = $W(i-16)$，xmm1[31:0] = $W(i-12)$，MSG1SHA1 指令计算输出 xmm0[31:0] = $W(i-12)$XOR $W(i-16)$；之后输入 xmm1[31:0] = $W(i-8)$，VPXOR 计算输出 xmm0[31:0] = ($W(i-12)$XOR $W(i-16)$)XOR

$W(i-8)$; 最后输入 xmm1[31:0] = $W(i-3)$, MSG2SHA1 指令计算 $W[i] = \mathrm{ROTL}^1(W(i-12)$ XOR $W(i-16)$ XOR $W(i-8)$ XOR $W(i-3))$。以此类推，分别计算 $W(i+1)$、$W(i+2)$ 和 $W(i+3)$，较高位分别存储计算的值 $W(i+1)$、$W(i+2)$和 $W(i+3)$。

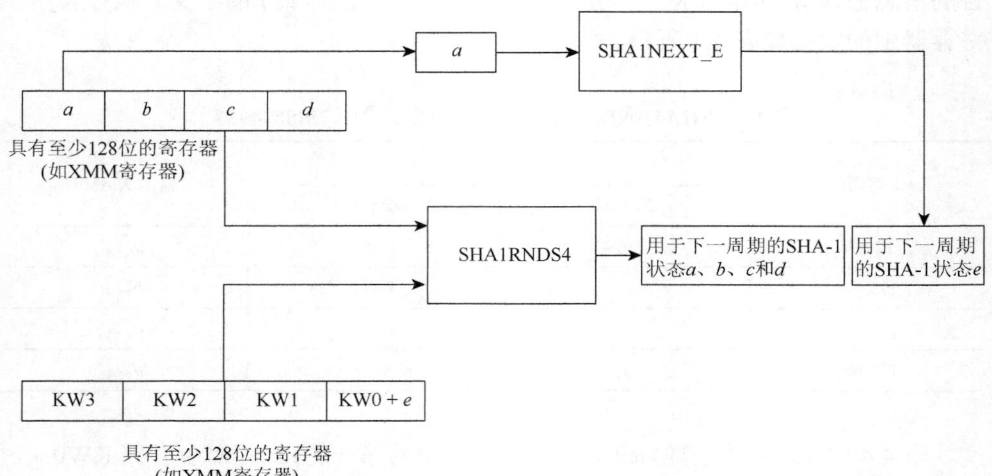

图 4.23　SHA-1 轮操作处理框图（US8874933）

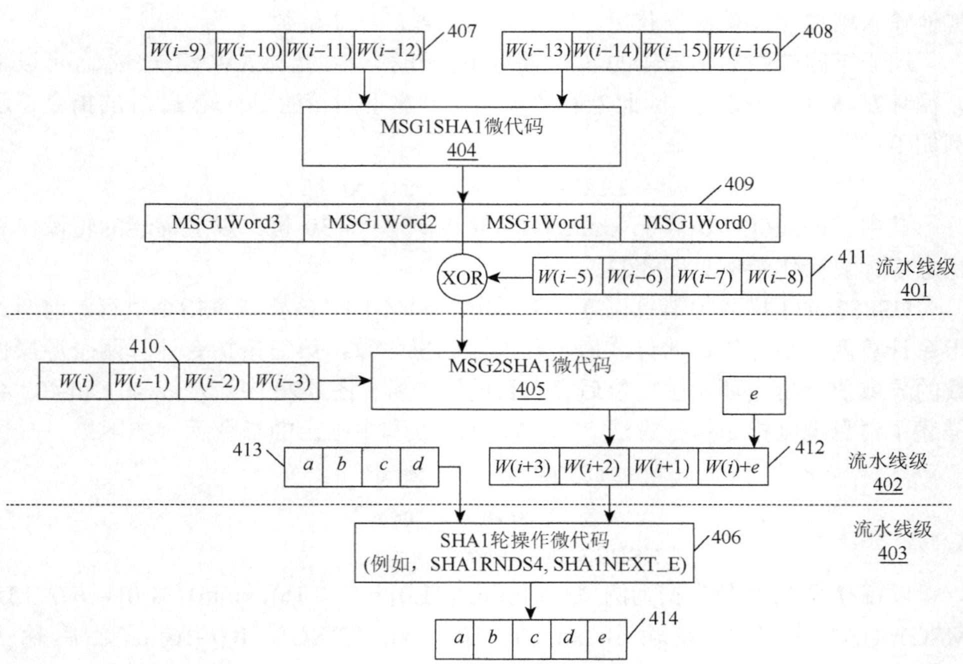

图 4.24　SHA-1 操作过程框图（US8874933）

需要注意的是，虽然以上两项专利中的指令助记符相同，但是指令定义和操作均不同。US8874933 专利技术的轮操作指令和执行方法是英特尔在市场上实际推出应用的，但两项专利中的消息调度指令和执行方法均和英特尔实际推出的消息调度方法不同。

4.3.2　SHA-256 算法和消息调度指令

SHA-256 对长度小于 2^{64} 位的信息（明文）进行散列计算，生成 256 位消息摘要。输入消息被补位和附加长度值后，得到 512 位的整数倍之后，被分成 N 个 512 位的消息块（block，每块记为 $M^{(i)}$，其中 $i = 1\sim N$），SHA-256 依次处理 512 位的消息块。对每个块进行处理需要执行 64 轮重复的轮算法，每轮输入 32 位（32 位定义为“字”）的消息，因此，512 位的消息块仅直接用于前 16 轮的消息数据输入，第 17～64 轮的消息根据之前输入消息字的迭代，通过 SHA-256 标准指定的消息调度函数组合导出。如果 64 轮的输入消息用 W_t 表示，则 W_t 可以表示如下：当 $0 \leqslant t \leqslant 15$ 时，$W_t = M_t$（M_t 即当前进行散列的块中的第 t 个字）；当 $16 \leqslant t \leqslant 63$ 时，$W_t = W_{t-16} + s_0 + W_{t-7} + s_1$；其中：

$$s_0 = (W_{t-15}\ \text{ROTR}\ 7)\text{XOR}(W_{t-15}\ \text{ROTR}\ 18)\text{XOR}(W_{t-15}\ \text{SHR}\ 3)$$

$$s_1 = (W_{t-2}\ \text{ROTR}\ 17)\text{XOR}(W_{t-2}\ \text{ROTR}\ 19)\text{XOR}(W_{t-2}\ \text{SHR}\ 10)$$

其中，ROTR 表示循环右移；SHR 表示逻辑右移。

具体每个消息块的散列计算轮迭代如下，$a\sim h$ 表示 8 个状态变量字（对于 SHA-256，每个状态变量字为 32 位），对于第 1 个消息块，$a\sim h$ 的初始值为 NIST.FIPS.180 公开的 8 个 32 位 H^0 值。SHA-256 每一轮迭代可以表示如下，其中等式左侧表示下一状态变量字，右侧表示当前状态：

$$a = \text{Ch}(e, f, g) + \Sigma 1(e) + \text{Maj}(a, b, c) + \Sigma 0(a) + W_t + K_t$$

$$b = a$$

$$c = b$$

$$d = c$$

$$e = d + h + \text{Ch}(e, f, g) + \Sigma 1(e) + W_t + K_t$$

$$f = e$$

$$g = f$$

$$h = g$$

用于一轮 SHA-256 算法的四个函数执行如下操作：

$$\text{Ch}(e, f, g) = (e\ \text{AND}\ f)\text{XOR}((\text{NOT}\ e)\text{AND}\ g)$$

$$\Sigma 1(e) = (e\ \text{ROTR}\ 6)\text{XOR}(e\ \text{ROTR}\ 11)\text{XOR}(e\ \text{ROTR}\ 25)$$

$$\text{Maj}(a, b, c) = (a\ \text{AND}\ b)\text{XOR}(a\ \text{AND}\ c)\text{XOR}(b\ \text{AND}\ c)$$

$\Sigma 0(a) = (a \text{ ROTR } 2)\text{XOR}(a \text{ ROTR } 13)\text{XOR}(a \text{ ROTR } 22)$

其中，AND 表示逻辑与；NOT 表示按位取反；并且为了与运算符区别，状态字采用小写字符。以上循环移位值仅用于 SHA-256，其他 SHA-2 算法采用不同的循环移位值，如图 4.25 所示。

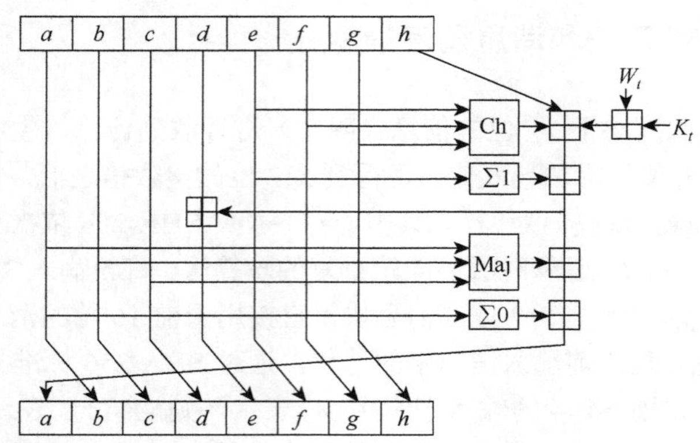

图 4.25 SHA-2 算法细节图

本节专利是关于 SHA-256 消息调度加速的指令和方法。

【相关专利】

US8838997（Instruction set for message scheduling of SHA256 algorithm，2012 年 9 月 28 日申请，预计 2032 年 9 月 28 日失效，中国同族专利为 CN 104583958 B）

【相关指令】

专利技术包含两条消息调度指令和若干轮操作指令，消息调度指令如下。

（1）SHA256MSG1（perform an intermediate calculation for the next four SHA-256 message dwords，执行后续四个 SHA-256 消息字的中间计算）

（2）SHA256MSG2（perform a final calculation for the next four SHA-256 message dwords，执行下四个 SHA-256 消息字的最终运算）

专利说明书中还描述了 SHA-256 两轮操作三条指令：SHA2_IN、SHA2_LO、SHA2_H，以及实际执行 SHA2_LO 和 SHA2_HI 操作的指令 SHA2_2RND。《手册》中未公开说明书中所列的轮操作宏指令，但不排除《手册》中 SHA256RNDS2（执行两轮 SHA-256 操作）宏指令包含以上两轮操作微指令的可能性。

【相关内容】

专利说明书中描述了 SHA-256 算法的迭代操作和函数、消息调度函数，以及迭代相关微操作 SHA2_IN、SHA2_LO 和 SHA2_HI，消息调度指令 MSG1SHA256 和 MSG2SHA256，以及轮操作指令 SHA2_2RND 与微代码 SHA256RNDS2。专利独立权利要求保护了执行 SHA-256 算法的消息调度的指令（MSG1SHA256 和 MSG2SHA256）组合、方法、处理器和数字处理系统。

根据前述的 SHA-256 算法介绍，对于给定的当前轮“i”，第 16～63 轮的消息调度函数定义为 $W[i]$，有 $W[i] = W[i-16] + s_0 + W[i-7] + s_1$。如果定义 msg1 函数，$\text{msg1}[i-16] = W[i-16] + s_0$，则有 $W[i] = \text{msg1}[i-16] + W[i-7] + s_1$。

本专利给出的 MSG1SHA256 指令用于计算之后 4 个 SHA-256 的消息输入中间值 msg1(i)，MSG2SHA256 指令用于在前一指令 MSG1SHA256 计算的中间值的基础上再得到之后 4 个 SHA-256 的消息输入最终值，其中第 16～63 轮的 SHA-256 调度消息输入值被定义为 $W(i)$，其中 $16 \leqslant i \leqslant 63$。

第一个指令 MSG1SHA256 的定义和说明示例如下：

```
MSG1SHA256 xmm0,xmm1;
```

其中，输入操作数为 XMM0 和 XMM1 寄存器，输出为 XMM0 寄存器。

输入：

xmm0[31:00] = $W(i-16)$

xmm0[63:32] = $W(i-15)$

xmm0[95:64] = $W(i-14)$

xmm0[127:96] = $W(i-13)$

xmm1[31:00] = $W(i-12)$

xmm1[63:32] = $W(i-11)$

xmm1[95:64] = $W(i-10)$

xmm1[127:96] = $W(i-9)$

输出：

xmm0[31:00] = msg1($i-16$) = $W(i-16) + s_0(W(i-15))$

xmm0[63:32] = msg1($i-15$) = $W(i-15) + s_0(W(i-14))$

xmm0[95:64] = msg1($i-14$) = $W(i-14) + s_0(W(i-13))$

xmm0[127:96] = msg1($i-13$) = $W(i-13) + s_0(W(i-12))$

第二个指令 MSG2SHA256 的格式和说明示例如下：

```
MSG2SHA256 xmm0,xmm1;
```

其中，输入操作数为 XMM0 和 XMM1 寄存器，输出为 XMM0 寄存器。

输入：

xmm0[31:00] = msg1($i-16$) + $W(i-7)$

xmm0[63:32] = msg1($i-15$) + $W(i-6)$

xmm0[95:64] = msg1($i-14$) + $W(i-5)$

xmm0[127:96] = msg1($i-13$)

xmm1[31:00] = $W(i-4)$

xmm1[63:32] = $W(i-3)$

xmm1[95:64] = $W(i-2)$

xmm1[127:96] = $W(i-1)$

输出：

xmm0[31:00] = $W(i) = \text{msg1}(i-16) + W(i-7) + s_1(W(i-2))$

xmm0[63:32] = $W(i+1) = \text{msg1}(i-15) + W(i-6) + s_1(W(i-1))$

xmm0[95:64] = $W(i+2) = \text{msg1}(i-14) + W(i-5) + s_1(W(i))$

xmm0[127:96] = $W(i+3) = \text{msg1}(i-13) + W(i-4) + s_1(W(i+1))$

MSG1SHA256 和 MSG2SHA256 指令执行过程如图 4.26 的 SHA-256 操作过程框图中流水线级 401 和 402 所示，403 级操作响应指令由微指令 SHA256RNDS2 完成[①]。

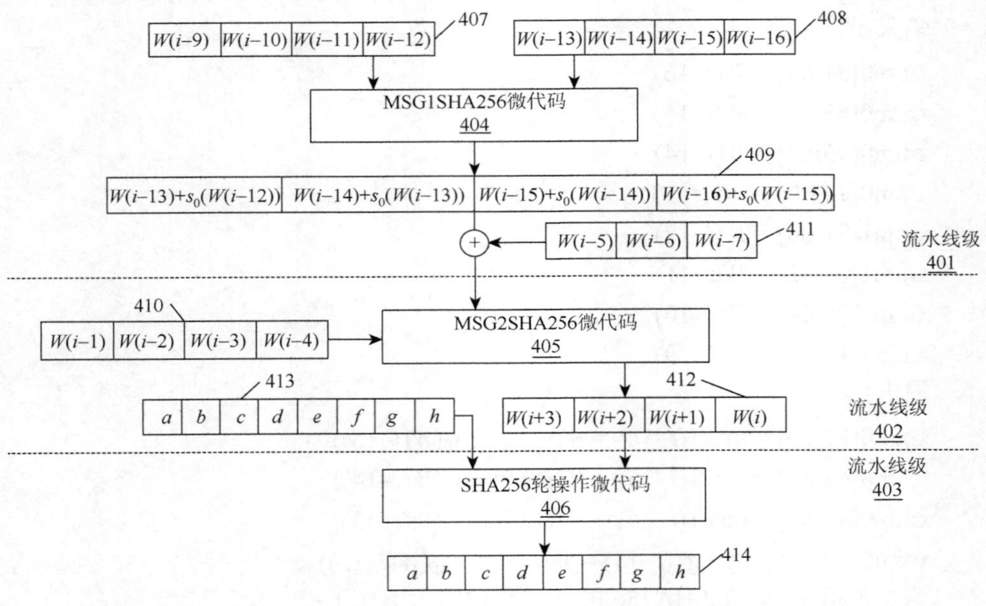

图 4.26　SHA-256 操作过程框图

专利中还描述了执行 SHA-256 算法的两轮部分操作指令或三条微操作：①SHA2_IN；②SHA2_LO；③SHA2_HI。

SHA2_IN 指令用于两轮的消息加常数。SHA2_IN 定义如下：

```
SHA2_IN xmm0,xmm1
```

① 专利中无 SHA256RNDS2 的详细说明。

其中，XMM1 存储用于两轮的 WK1 和 WK2（WK1 指 W_1 加 K_1）；XMM0 是源和目的寄存器，其中，xmm0[31:0] = h；xmm0[63:32] = g；xmm0[95:64] = f；xmm0[127:96] = e。

经过指令执行，输出 xmm0：

xmm0[31:0] = y = WK1 + h + Ch(e, f, g) + Σ(e)

xmm0[63:32] = x = WK2 + g

xmm0[95:64] = f

xmm0[127:96] = e

SHA2_LO 指令用于从输入 a～h 中部分计算出两轮 SHA-256 状态更新的 e、f、g 和 h。SHA2_LO 定义如下：

```
SHA2_LO xmm0,xmm1
```

其中，XMM1 存储输入状态 a、b、c 和 d；XMM0 存储输入状态 e、f、x 和 y：xmm1[31:0] = d；xmm1[63:32] = c；xmm1[95:64] = b；xmm1[127:96] = a；xmm0[31:0] = y；xmm0[63:32] = x；xmm0[95:64] = f；xmm0[127:96] = e。

经过指令执行，输出 xmm0：

xmm0[31:0] = 更新的 e

xmm0[63:32] = 更新的 f

xmm0[95:64] = 更新的 g

xmm0[127:96] = 更新的 h

SHA2_HI 指令用于从输入 a～h 中部分计算出两轮 SHA-256 状态更新的 a、b、c 和 d。SHA2_HI 定义如下：

```
SHA2_HI xmm0,xmm1
```

其中，XMM0 存储 SHA-2 原始输入状态 a、b、c 和 d，XMM1 存储通过 SHA2_IN 计算出的 e、f、x 和 y：xmm0[31:0] = d；xmm0[63:32] = c；xmm0[95:64] = b；xmm0[127:96] = a；xmm1[31:0] = y；xmm1[63:32] = x；xmm1[95:64] = f；xmm1[127:96] = e。

经过指令执行，输出：

xmm0[31:0] = 更新的 d

xmm0[63:32] = 更新的 c

xmm0[95:64] = 更新的 b

xmm0[127:96] = 更新的 a

系统用于处理 SHA-2 两轮操作的指令 SHA2_IN、SHA2_LO 和 SHA2_HI 的流水线如图 4.27 所示。

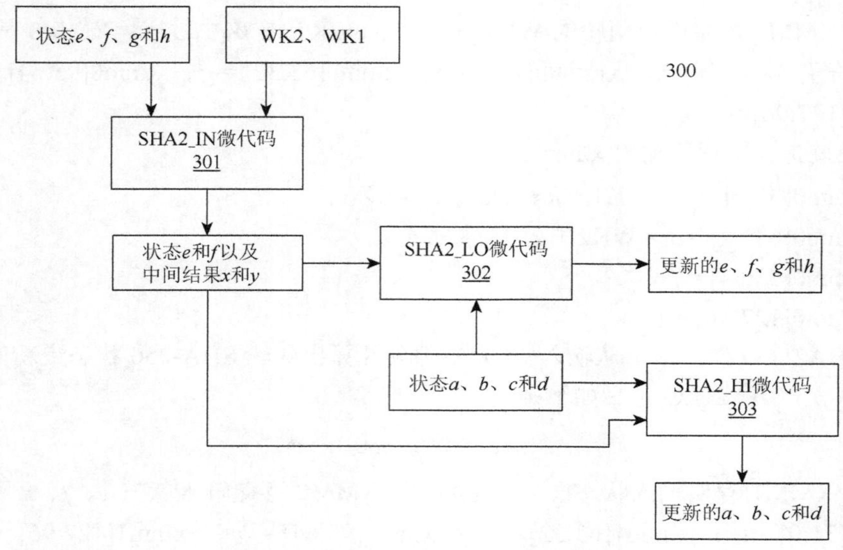

图 4.27　SHA-2 轮操作执行流水线示意图

专利中给出实际执行前述 SHA2_LO 和 SHA2_HI 操作的轮指令 SHA2_2RND，指令定义和说明示例如下：

```
SHA2_2RND xmm0,xmm1
```

其中，源输入 XMM0 存储状态 *a*、*b*、*c* 和 *d*；源输入 XMM1 存储状态 *e*、*f* 和中间结果 *x* 和 *y*。SHA2_2RND 的样本操作序列如下：

```
Tmp=xmm1
SHA2_LO xmm1,xmm0
SHA2_HI xmm0,Tmp
```

SHA2_2RND 指令执行后输出 XMM0 存储两轮后更新的状态字 *a*、*b*、*c* 和 *d*，输出 XMM1 存储两轮后更新的状态字 *e*、*f*、*g* 和 *h*。

4.3.3　SHA-3（候选）算法实现和相关指令

2007 年 NIST 在全球范围内举行竞赛，征集新的下一代密码散列算法，选出的新的散列算法被称为 SHA-3，并且作为新的安全散列标准。2008 年 10 月算法提交结束后，NIST 分别于 2009 年 7 月和 2010 年 12 月举行两轮会议，筛选出进入最终轮的算法；2012 年 10 月，意法半导体和恩智浦半导体工程师联合研发的 Keccak 算法优胜，成为 SHA-3[①]。英特尔在最终轮竞争时间段，对进入最终轮的

① 详见网页 http://csrc.nist.gov/groups/ST/hash/sha-3/index.html。

五种算法包括 Keccak、JH、Skein、BLAKE 和 Grøstl[①]布局了指令或实现专利。Keccak 算法相关指令未在《手册》中公开。另外四种候选算法并未获胜，英特尔也并未实际推出相应指令。

1. SHA-3 算法 Keccak 相关指令和操作

Keccak 是 SHA-3 标准中的安全散列算法。该散列函数在利用 5×5 边缘面和 2^L 的深度排列的比特阵列中维持状态，其中，$L = [0, 6]$。一个 Keccak 状态可以看成一个 3 维数组，其 xy 平面由 5×5 的“片”（slice）组成，z 方向的深度为 2 的整数次幂，如图 4.28 所示。

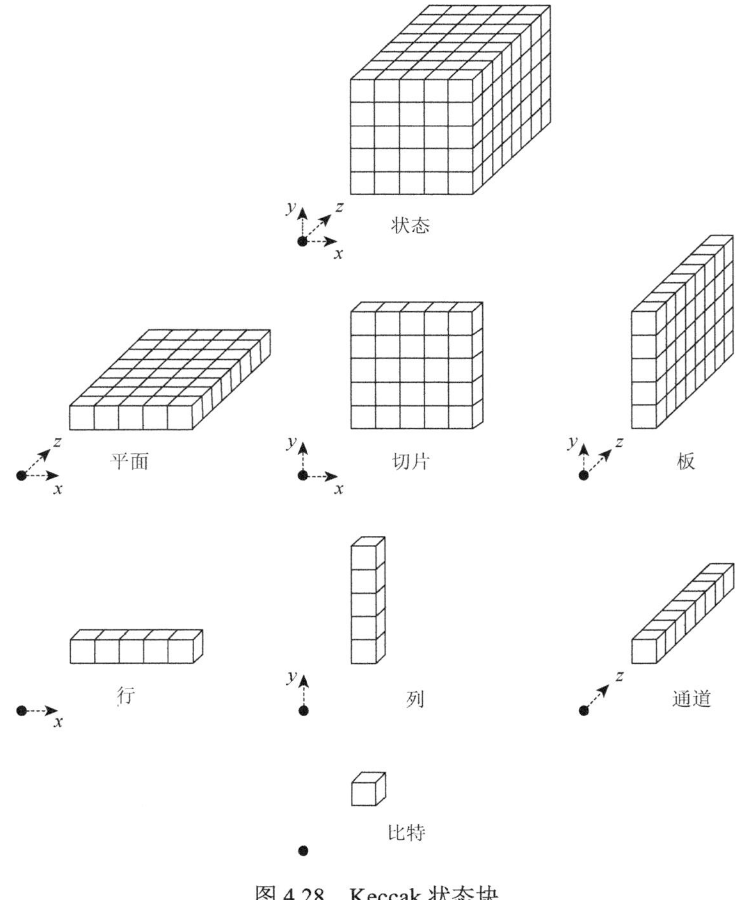

图 4.28　Keccak 状态块

① 详见网页 http://www.groestl.info。

r 比特被输入 Keccak 状态，与状态的“开头”r 比特进行异或，后面跟着 Keccak 状态更新函数。Keccak 状态块的更新是通过反复执行图 4.29 中 θ、ρ、π、χ、ι 这五个状态更新函数实现的[①]。

$$\theta: a[x][y][z] \leftarrow a[x][y][z] + \sum_{y'=0}^{4} a[x-1][y'][z] + \sum_{y'=0}^{4} a[x+1][y'][z-1]$$

$$\rho: a[x][y][z] \leftarrow a[x][y][z-(t+1)(t+2)/2]$$

其中t满足$0 \leqslant t < 24$，并且$\mathrm{GF}(5)^{2\times 2}$中$\begin{pmatrix} 0 & 1 \\ 2 & 3 \end{pmatrix}^t \begin{pmatrix} 1 \\ 0 \end{pmatrix} = \begin{pmatrix} x \\ y \end{pmatrix}$

或如果$x = y = 0$，则$t = -1$

$$\pi: a[x][y] \leftarrow a[x'][y'], \text{其中} \begin{pmatrix} x \\ y \end{pmatrix} = \begin{pmatrix} 0 & 1 \\ 2 & 3 \end{pmatrix} \begin{pmatrix} x' \\ y' \end{pmatrix}$$

$$x\chi \quad a[x] \leftarrow a[x] + (a[x+1]+1)a[x+2]$$

$$l\,\iota \quad a \leftarrow a + \mathrm{RC}[i_r]$$

图 4.29　Keccak 状态更新函数

【相关专利】

US20130275722（Method and apparatus to process KECCAK secure hashing algorithm，2011 年 12 月 13 日申请，预计 2031 年 12 月 13 日失效，中国同族专利为 CN 103946796 B）

【相关指令】

KECCAK_THETA 和 KECCAK_ROUND 指令。

【相关内容】

US20130275722 专利公开了执行 Keccak 操作的两条矢量指令和数据路径来将 Keccak 函数的指令从每一轮一百条以上的指令减少到每一轮大致八条指令。

在计算 Keccak 加密散列函数时，一个 Keccak 状态块被分割成 4 个 400 比特的子块以适应寄存器的大小，其中每个子块可以存储在一个 ZMM 寄存器的低 400 位。状态更新函数 π、χ 和 ι 的计算可以在每个子状态块中独立完成，而状态更新函数 θ、ρ 的计算则需要除当前子状态块外另一个子状态块中的数据。因此，Keccak 状态的更新由两种不同的指令来实现，每条指令完成四分之一状态块的计算。整个 Keccak 状态的一轮更新需要每种指令调用 4 次，即共需 8 条指令。

第一种指令 KECCAK_THETA，处理器被配置成在每一个 1/4 切片上执行完整的 θ 函数，以及第一部分的 ρ 旋转函数。指令格式示例如下：

```
KECCAK_THETA dst/src1,src2,src3
```

其中，src1 = 正在被处理的状态象限，$z = (z_0 \text{ to } z_0 + 15) \bmod 64$；src2 = 紧接 src1

① 更多信息详见：https://keccak.team/files/Keccak-reference-3.0.pdf。

的状态象限，$z = (z_0 + 16 \text{ to } z_0 + 31) \bmod 64$；src3 = 紧接 src2 的状态象限，$z = (z_0 + 32 \text{ to } z_0 + 47) \bmod 64$。

第二种指令 KECCAK_ROUND，处理器将完成 ρ 旋转函数，并对 src1 象限中的切片执行 π、χ 和 ι 函数。指令格式示例如下：

```
KECCAK_ROUND dst/src1,src2,src3
```

其中，src1 = KECCAK_THETA 指令的结果；src2 = 与 src1 象限最远的未处理的象限；src3 = 要用于 ι 函数的 Keccak 轮常数。

使用两种指令更新 Keccak 状态的伪代码如图 4.30 所示。图 4.31 所示为以向量方式进行 Keccak 操作的流程图。

```
501初始化：保存未处理的状态的副本
        MOV zmmtmp1, zmm1
        MOV zmmtmp2, zmm2
        MOV zmmtmp3, zmm3
        MOV zmmtmp4, zmm4

502 KECCAK_THETA：执行θ函数和ρ旋转函数的第一部分
        KECCAK_THETA zmm1, zmm2, zmm3
        KECCAK_THETA zmm2, zmm3, zmm4
        KECCAK_THETA zmm3, zmm1, zmmtmp1
        KECCAK_THETA zmm4, zmmtmp1, zmmtmp2

503 KECCAK_ROUND：完成ρ旋转函数，并执行π、χ和ι函数
        KECCAK_RND zmm1, zmmtmp4, zmmrc
        KECCAK_RND zmm2, zmmtmp1, zmmrc
        KECCAK_RND zmm3, zmmtmp2, zmmrc
        KECCAK_RND zmm4, zmmtmp3, zmmrc
```

图 4.30　Keccak 状态更新伪代码

2. JH 算法指令和操作

【相关专利】

US20140053000（Instructions to perform JH cryptographic hashing，2011 年 12 月 22 日申请，预计 2031 年 12 月 22 日失效，中国同族专利为 CN 104012031 B）

【相关指令】

JH_SBOX_L 和 JH_Permute 指令。

【相关内容】

JH 算法执行压缩函数，包括运行 42 轮的三个函数。第一个函数是 S-盒，其使用 S_0 或 S_1 转换以转换相邻的半字节（nibble）；第二个函数是线性变换 L，其在 GF（2^4）上实现（4, 2, 3）最大可分离距离（maximum distance separable，MDS）码，其中 GF（2^4）被定义为二进制多项式模不可约多项式 $X^4 + X + 1$ 的倍数，函数在相邻的 8 位（1 字节）或两个相邻 S-Box 输出上执行线性变换；第三个函数

是置换函数 P_d（π_d，P'_d，ϕ_d），P_d 是二维元素上的简单置换，从 π_d（交换交替的半字节）、P'_d（交换状态的低半部和高半部的半字节）和 ϕ_d（交换状态的高半部内的半字节）构建，其中 d 是位块的尺寸（dimension）。示例中，JH 函数对于 256 个 4 位半字节的数据宽度使用 $d = 8$。

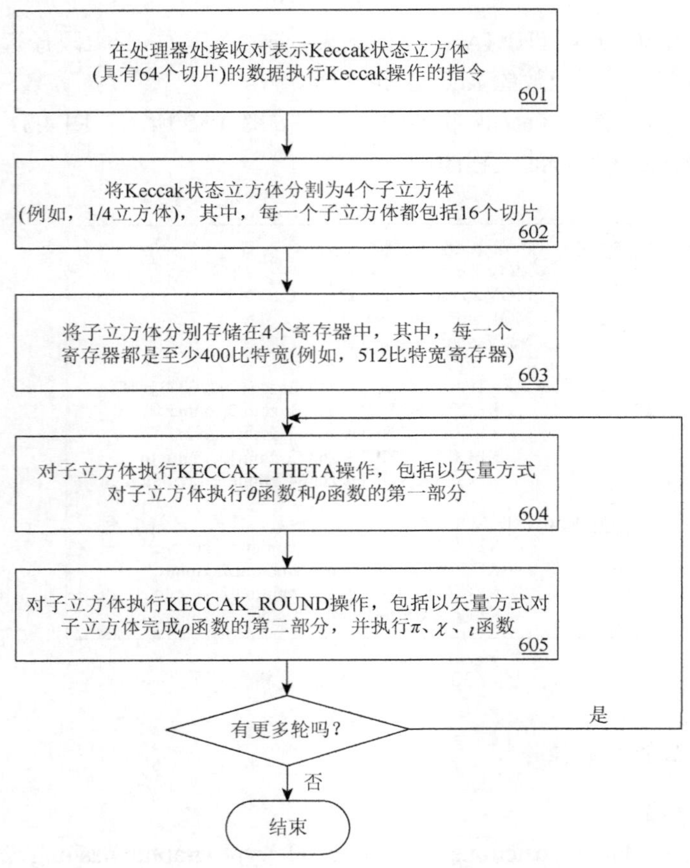

图 4.31　Keccak 操作流程图

本专利申请了 JH 算法的两条指令和执行方法、部件及系统。该方法相比传统的位切片（bit-sliced）技术的性能有很大的改进。

JH_SBOX_L 指令格式示例：JH_SBOX_L zmm，zmmmask。其中 zmmmask 表示来自 JH 规范的常数，对应现有技术位切片实现中的轮次常数。指令分别在半字节和半字节对上使用 512 位 ZMM 寄存器执行 S-盒和 L 变换函数运算。

JH_Permute 指令格式示例：JH_Permute zmm1，zmm2，imm8。其中 ZMM1 寄存器存储低预置换 128 个半字节（共 512 位），ZMM2 寄存器存储高预置换 128

个半字节（共 512 位），imm8 = 0 或 1，分别指定低或高半字节。指令实现为对保持 S-盒和 L 变换的结果的 ZMM 寄存器中的每一个执行置换步骤 P_d。

图 4.32 是使用本专利技术的 JH_SBOX_L 和 JH_Permute 指令执行两轮 JH 算法的一个实例。

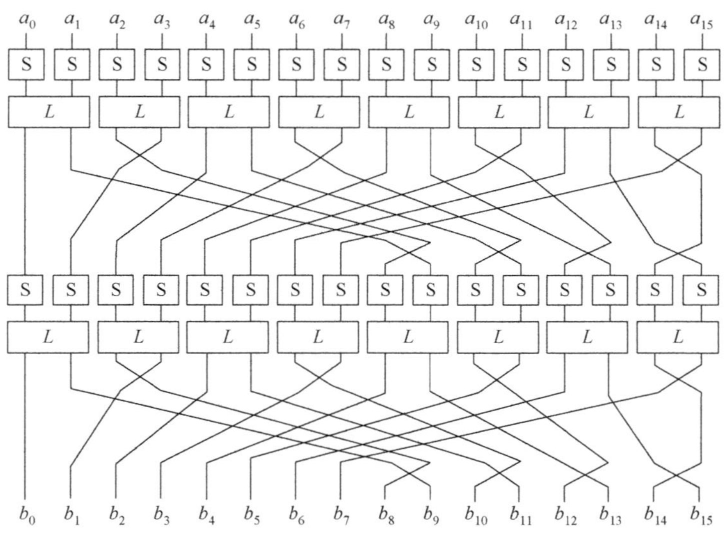

图 4.32　使用两指令执行两轮 JH 算法的示例

专利申请权利要求声明了执行 JH 算法的方法、指令和系统。该方法包括执行一条或多条 JH_SBOX_L 指令在 JH 状态上执行 S-盒映射和线性变换 L；之后执行一条或多条 JH_Permute 指令在所述 JH 状态上执行置换函数。

3. Grøstl 算法加速指令和操作

Grøstl 是一个迭代散列函数，其压缩函数由两个固定的、大的、不同的排列组成①。在 Grøstl 算法中，输入消息 M 首先被分割为长度为 l 位的多个消息块 m_i，每块 m_i 通过加密算法被加密为 l 位的 h_i，即

$$h_i \leftarrow f(h_{i-1}, m_i), \quad i = 1,2,\cdots,t$$

这些消息块 m_i 被顺序处理，因此任意长度的原始消息 M，最终映射为长度固定为 l 的密文 h。其中，压缩函数 f，基于两个 l 位长的变换 P 和 Q，得到

$$f(h,m) = P(h \oplus m) \oplus Q(m) \oplus h$$

而变换 P 和 Q 来源于 AES 算法，即一次 P 或 Q 变换由 R 轮加密操作完成，其中

① Gauravaram P, Knudsen L R, Matusiewicz K, et al. Grøstl-a SHA-3 candidate. [2016-10-20]. http://www.groestl.info/Groestl-o.pdf.

每轮操作类似于 AES 轮操作。Grøstl 函数所执行的一轮变换序列包括轮次常数加变换、字节变换、字节移位变换和混合字节变换。因此利用 AESNI 指令等现有特定序列组合来实现 Grøstl 散列算法包括以下操作。

轮次常数加变换（addRoundconstant，AC）：对应于 AES 的 AddRoundKey（加轮密钥）。

字节变换（SubBytes）：对应于 AES 的 SubBytes（字节变换），可使用 AES-NI 指令集的 AESENCLAST 指令。

字节移位（ShiftBytes）：对应于 AES 的 ShiftRows 或者 RowRotation，即移位行，可用 PSHUFB 指令。

混合字节（MixBytes）：对应于 AES 的 MixColumns（混合列）。将状态矩阵 A 的每一列乘以 F_{256} 中的常数 8×8 矩阵 B。

然而使用 AESNI 指令等组合完成 Grøstl 算法中的混合字节变换需要较多操作和周期，因此需要加速算法实现。本节两个专利分别提出了两种不同的指令和方案。

【相关专利】

（1）US8929539（Instructions to perform Groestl hashing，2011 年 12 月 22 日申请，预计 2031 年 12 月 22 日失效，中国同族专利为 CN 104126174 B）

（2）US20140006753（Matrix multiply accumulate instruction，2011 年 12 月 22 日申请，预计 2031 年 12 月 22 日失效，中国同族专利为 CN 103975302 B）

【相关指令】

（1）US8929539：MUL_BYTE_GF2 和 MIX_BYTE_XOR 指令。

（2）US20140006753：MAC_BYTE_MATRIX_GF2 指令。

【相关内容】

US8929539 专利技术公开了加速 Grøstl 算法的两条指令和执行方法、部件与系统。US20140006753 专利技术公开了加速 Grøstl 算法的一条新指令和执行办法、部件与系统。

US8929539 专利公开了两条新指令 MUL_BYTE_GF2 和 MIX_BYTE_XOR 以实现加速混合字节变换。对于两个 P 和 Q 的 8×8 Grøstl 状态矩阵的混合字节计算，使用 MUL_BYTE_GF2 和 MIX_BYTE_XOR 指令所得到的性能改进是从 60 个周期减少到 10 个周期。

MUL_BYTE_GF2 指令被执行两次对应对状态矩阵执行与 2 的 GF 相乘运算。第一次执行指令为 MUL_BYTE_GF2 zmm2, zmm1。其中 8 个 64 位行存储在源寄存器 ZMM1；结果 ZMM2 等于该矩阵的每个元素的 2 倍，即 ZMM2 中形成 2×原始矩阵；而第二次执行 MUL_BYTE_GF2 zmm3, zmm2，得到 ZMM3 等于 ZMM1 矩阵中的每个元素的 4 倍，即 ZMM3 中形成 4×原始矩阵。图 4.33 描述了实现 Grøstl 散列算法加速的 MUL_BYTE_GF2 指令流程图。

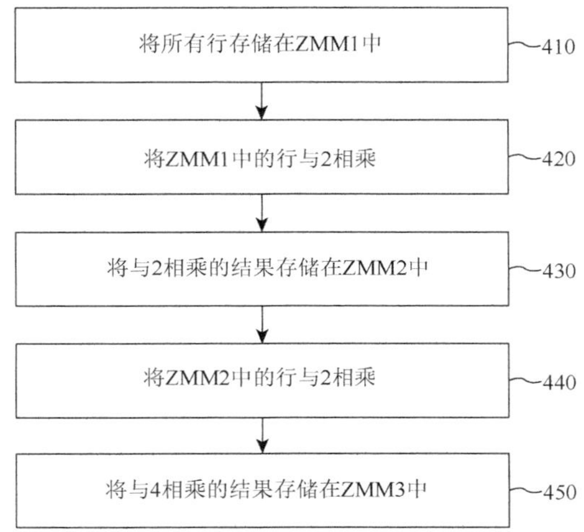

图 4.33　MUL_BYTE_GF2 指令执行示例

MIX_BYTE_XOR 使用由 MUL_BYTE_GF2 生成的×1（存放在 ZMM1）、×2（存放在 ZMM2）和×4（存放在 ZMM3）因子为该状态矩阵的每 64 个或 128 个元素执行所有的异或运算并存储在目的操作数 ZMM1 中。指令格式为 MIX_BYTE_XOR zmm1, zmm2, zmm3。图 4.34 描述了 MIX_BYTE_XOR 的实例。

US8929539 专利权利要求保护执行 Grøstl 算法的系统、方法、装置。该方法包括对状态矩阵执行一个或多个与 2 的伽罗瓦域（GF）相乘运算的指令；以及执行用异或函数将所述一个或多个与 2 的 GF 相乘运算的结果进行组合以生成结果矩阵的指令。

US20140006753 公开的新指令 MAC_BYTE_MATRIX_GF2（也写作 MUL_ACCUMULATE_BYTE_GF2）通过执行两个矩阵的乘法累加操作加速混合字节变换。该指令的提升是对于 P 和 Q 两个 8×8 Grøstl 状态矩阵的混合字节计算从 60 个循环减少到 4 个循环。指令格式示例①如下：

```
MAC_BYTE_MATRIX_GF2 zmm1,zmm2,zmm3,imm8
```

其中，ZMM2 是在 8 字节行的 64 位部分中组织的最初 8×8 状态矩阵；ZMM3 是乘法常数；ZMM1 是新的 8×8 结果矩阵；imm8 表示 8 阶多项式。

对于结果矩阵中的每字节位置 $8*i+j$(zmm1[i][j])，MAC_BYTE_MATRIX_GF2 指令执行流程如图 4.35 所示。其中索引 i、j 在范围 0～7 内变化。在处理框 410，状态矩阵中在 8 位位置（zmm2[i][k]）的值与常数矩阵中的 8 位位置（zmm3[k][j]）相乘，其中 k 表示该过程中的迭代（第 0～7 次）以将每个多项式项

① 原专利中此处写作 MAC_BYTE_MATRIX_GF2 zmm1，zmm2，imm8。根据原专利附图（Fig.4B）修正。

考虑在内。如果乘法结果值是 16 位值，将简化至 8 位值。处理框 430，乘法并简化后的结果值与当前位置值 zmm1[*i*][*j*]异或，结果值存储在 zmm1[*i*][*j*]中。之后判断在 ZMM2 和 ZMM3 中是否存在附加的行位置以进行处理以考虑附加的多项式迭代。如果是，控制返回到处理框 410，重复该过程。否则，过程对于当前 ZMM1 位置结束，并对接下来的位置进行重复。

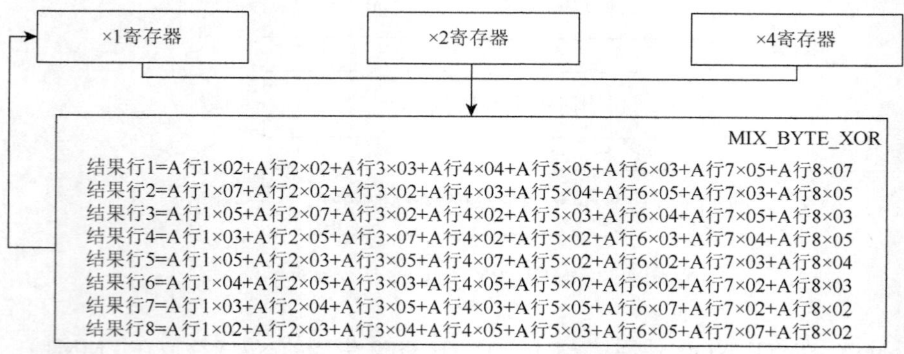

图 4.34 MIX_BYTE_XOR 指令执行示例

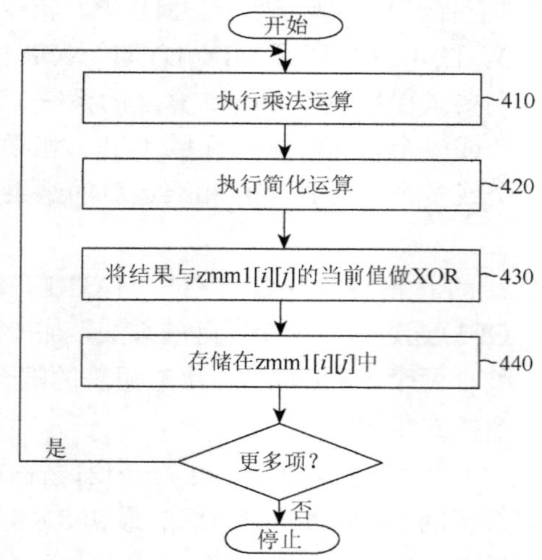

图 4.35 MAC_BYTE_MATRIX_GF2 指令执行流程图

4. Skein 算法指令和操作

Skein 散列算法主要由三个函数构成：MIX[①]（混合）、PERMUTE（置换）和

① MIX 函数包括异或、循环和传递加法，具体请参考 US8953785 专利文件中背景技术和图 1A 现有技术。本节的专利和 MIX 函数本身的实现细节无关。

子密钥加法。Skein-256 算法明文经子密钥加法操作后，每四轮 MIX 和 PERMUTE 操作后有一个子密钥加法，经过 72 轮 MIX-PERMUTE 操作后完成加密。因为 MIX 函数是 128 位宽，因此 Skein-256 每轮需要两个 MIX 函数，Skein-256 散列算法四轮示例如图 4.36 所示。

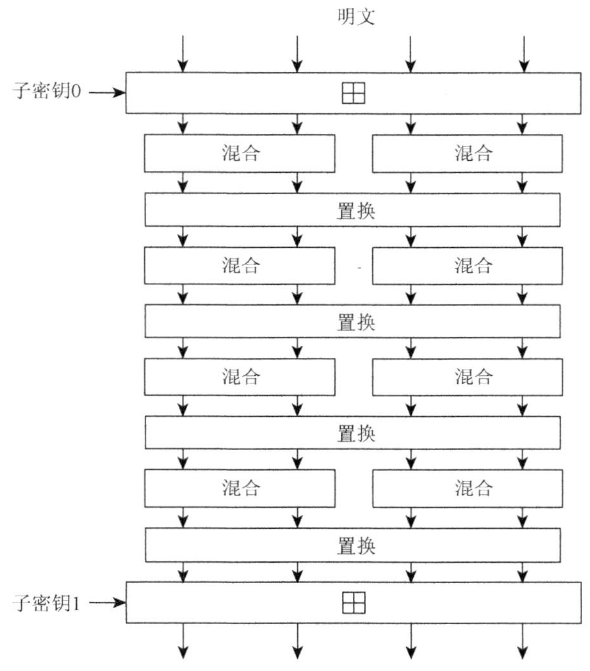

图 4.36　Skein-256 算法四轮示意图（US8953785）

本节 Skein 算法包含两项专利，分别针对算法的不同阶段提出了两种不同的指令。较早申请的一项提出能完成 4 轮操作的一条指令，后一项专利提出的是奇偶两条指令完成 4 轮操作的指令。

【相关专利】

（1）US20140122839（Apparatus and method of execution unit for calculating multiple rounds of a Skein hashing algorithm，2011 年 12 月 22 日申请，预计 2031 年 12 月 22 日失效，中国同族专利为 CN 104067194 B）

（2）US8953785（Instruction set for SKEIN256 SHA3 algorithm on a 128-bit processor，2012 年 9 月 28 日申请，预计 2032 年 9 月 28 日失效，中国同族专利为 CN 104583940 B）

【相关指令】

（1） US20140122839：SKEIN_512 指令完成 4 轮 Skein-512 算法。

（2）US8953785：SKEIN256 MIX-PERMUTE 指令（SKEIN256_ODD 和 SKEIN256_EVEN）以及 SKEIN512 MIX-PERMUTE 指令（SKEIN512_ODD 和 SKEIN512_EVEN）。其中后者并未被该专利权利要求保护。

指令操作和格式详见相关内容，《手册》中未公开相关操作指令。

【相关内容】

US20140122839 专利提出了一条指令（SKEIN_512 r3；r1；r2；imm），可以一次性完成四轮 Skein-512 散列算法的计算以及实现逻辑电路。该指令执行单元的数据通路包含四个阶段，每阶段包括四个并行的混合逻辑区（mix logic section）和一个紧随其后的转置逻辑块（permute logic block），如图 4.37 所示。

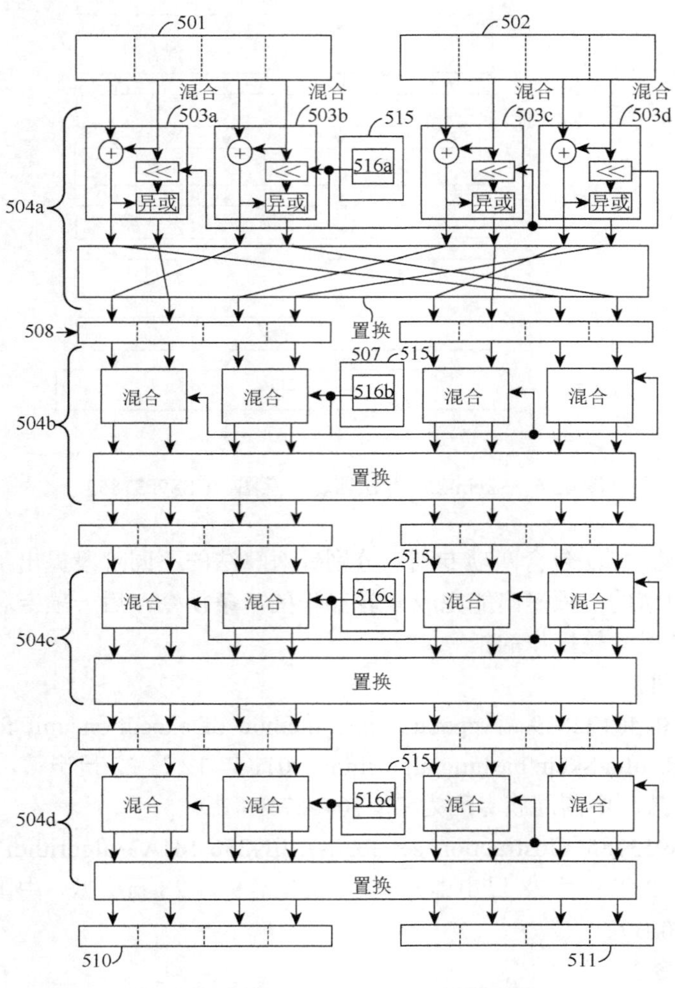

图 4.37　SKEIN_512 指令数据通路逻辑框图

每条指令的执行需消耗三个指令流水线周期，每个指令流水线周期又可分为两阶段（phase），执行一条指令总共需要六个阶段，如图 4.38 所示。第一阶段，将输入操作数读入数据通路的寄存器内。第二阶段，将输入操作数从数据通路的寄存器中读出，并送往数据通路的第 1 阶段进行处理。第 3～5 阶段，数据依次通过数据通路的第 2～4 阶段，完成四轮 Skein-512 散列算法的计算，并将结果保存在锁存器中。最后，在第 6 阶段中，已经锁存的计算结果将作为整个指令的结果进行返回。

US8953785 专利公开了用于 Skein-256 散列算法的 MIX 和 PERMUTE 操作的 MIX-PERMUTE 的指令、执行方法和处理器。由于 Skein 算法跨越 256 位、512 位和 1024 位，本节示例仅包括 Skein-256，专利权利要求保护的技术方案仅和 Skein-256 有关。Skein-512 和 Skein-1024 相关内容请参考该专利说明书。

如图 4.39 所示的 Skein-256 算法，共有 4 个 64 位操作数。对于每个 MIX 操作，两个 64 位操作数经 MIX 之后生成两个 64 位操作数（其中还包括 $R_{d,i}$ 参数指定操作数循环移位）；而每轮置换操作将操作数 0、1、2、3 置换成操作数 0、3、2、1，置换若干轮示例见表 4.5，可见每两轮置换呈现重复规律。

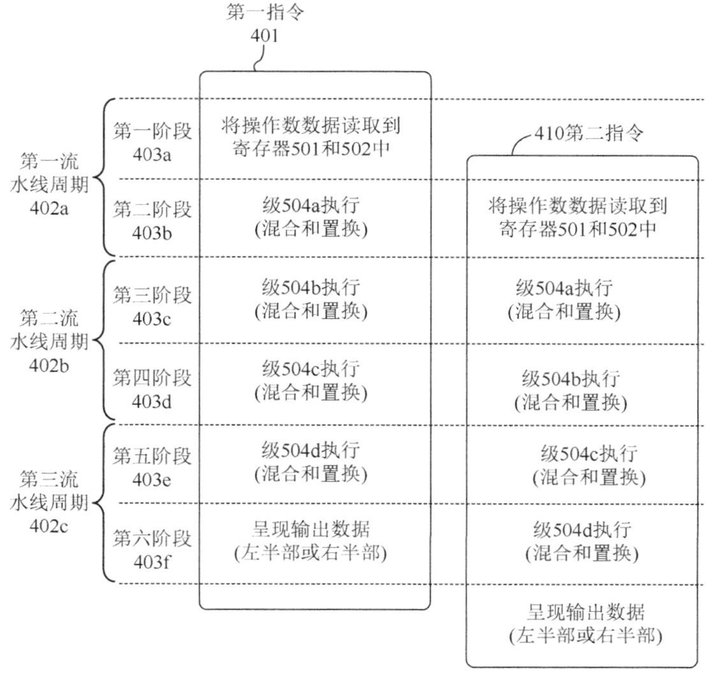

图 4.38　SKEIN_512 操作流程图

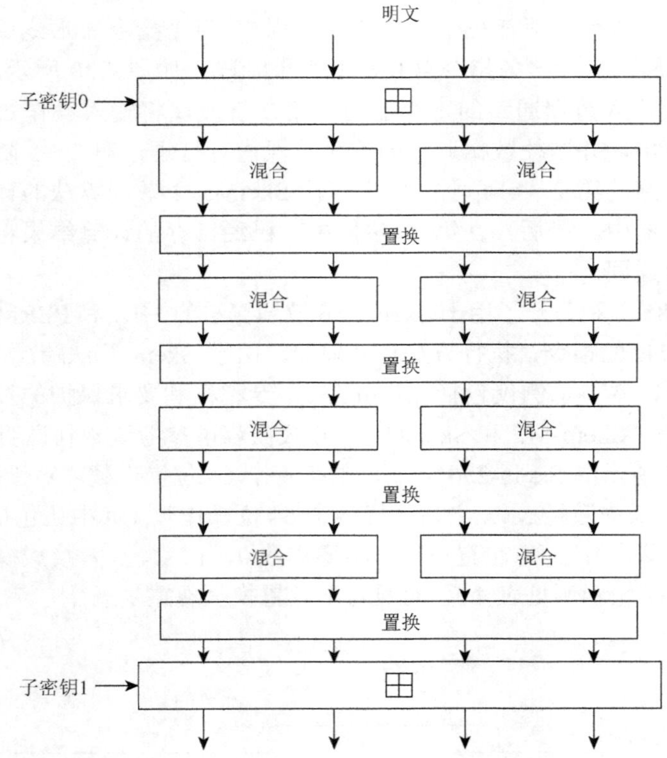

图 4.39　Skein-256 算法四轮示意图（现有技术）

表 4.5　置换若干轮示例

轮数	操作数 0	操作数 1	操作数 2	操作数 3
第 1 轮	0	1	2	3
第 2 轮	0	3	2	1
第 3 轮	0	1	2	3

再参考 MIX 操作，即奇数轮操作数 0 和 1 输入第一组 MIX 函数，操作数 2 和 3 输入第二组 MIX 函数；偶数轮操作数 0 和 3 输入第一组 MIX 函数，操作数 2 和 1 输入第二组 MIX 函数。

以上算法说明，本专利发明的两条指令 SKEIN256_ODD 和 SKEIN256_ EVEN 能完成两轮 MIX-PERMUTE 操作，每条指令包含 4 个 64 位数据，即字 0～字 3，最后分别得到奇数位操作数和偶数位操作数，不涉及子密钥加法。示例如图 4.40 所示。其中虚框中的“1 轮后的结果”和“2 轮后的结果”模块存储的是每轮置换后的结果。

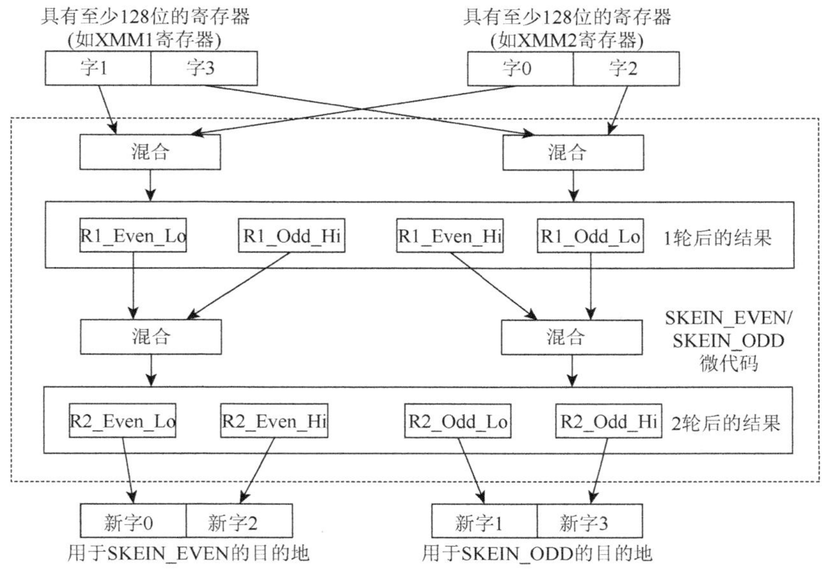

图 4.40　两轮 MIX-PERMUTE 操作示例

SKEIN256_ODD 指令格式示例为：

```
SKEIN256_ODD xmm1,xmm2,imm
```

其中，源操作数 xmm1[127:64] = 字 1，xmm1[63:0] = 字 3，xmm2[127:64] = 字 0，xmm2[63:0] = 字 2，imm = $R_{d,i}$；目的操作数 xmm1[127:64] = 新字 1，xmm1[63:0] = 新字 3。SKEIN_ODD 微代码包含两轮 MIX-PERMUTE 操作，以及每轮两组 MIX 函数操作，如图 4.41 所示。

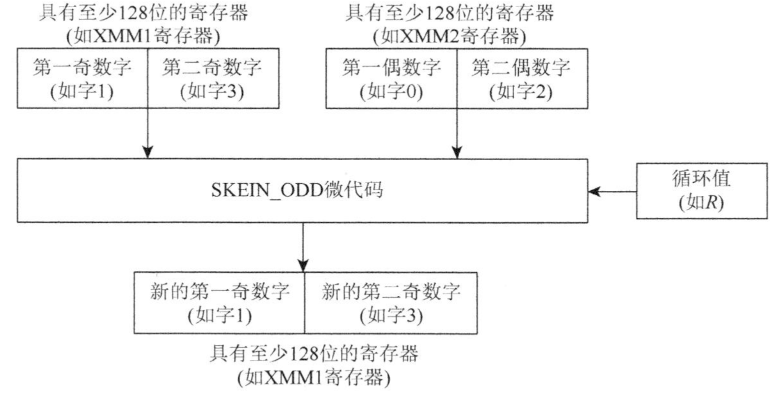

图 4.41　SKEIN256_ODD 操作示意图

SKEIN256_EVEN 指令格式示例为：

```
SKEIN256_EVEN xmm1,xmm2,imm
```

其中，源操作数 xmm1[127:64] = 字 0，xmm1[63:0] = 字 2，xmm2[127:64] = 字 1，xmm2[63:0] = 字 3，imm = $R_{d,i}$；目的操作数 xmm1[127:64] = 新的字 0，xmm1[63:0] = 新的字 2。SKEIN_EVEN 微代码包含两轮 MIX-PERMUTE 操作，以及每轮两组 MIX 函数操作，如图 4.42 所示。

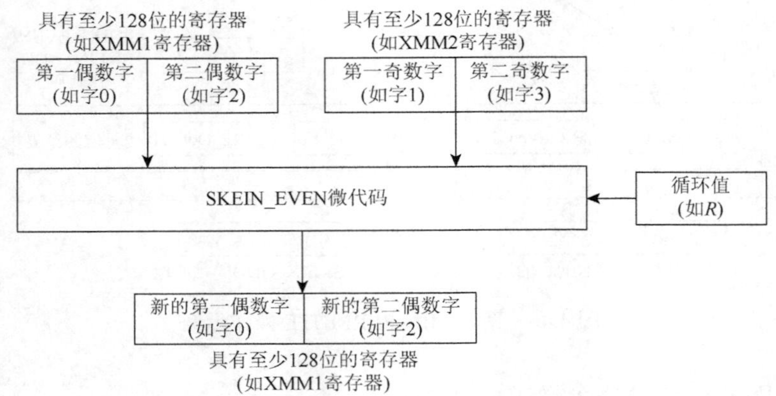

图 4.42　SKEIN256_ EVEN 操作示意图

因此完成图 4.40 操作的伪代码为：

```
xmm1 [127:64] = 字1
xmm1 [63:0] = 字3
xmm2 [127:64] = 字0
xmm2 [63:0] = 字2
MOV xmm3,xmm1//保留后续SKEIN256_EVEN使用的偶数字
SKEIN256_ODD xmm1,xmm2,imm//XMM1含两轮后的新奇数字
SKEIN256_EVEN xmm2,xmm3,imm//XMM2含两轮后的新偶数字
```

该专利的独立权利要求保护了 SKEIN256_ODD 操作方法、指令和执行的处理器；非独立权利要求保护 SKEIN256_EVEN 操作、指令和执行的处理器。

5. BLAKE 算法指令和操作

BLAKE 算法执行基于 32/64 位字的 4×4 状态矩阵，状态矩阵如图 4.43 所示。

每一轮 BLAKE 安全散列算法的计算由列步骤（column step）和对角线步骤（diagonal step）两步组成，如图 4.44 所示。

使用 G 函数先更新矩阵独立的列，然后更新矩阵独立的对角元素。BLAKE

算法操作和 BLAKE-256/224 *G* 函数实现逻辑的框图如图 4.45 所示，BLAKE-256/224 *G* 函数操作如图 4.46 所示。

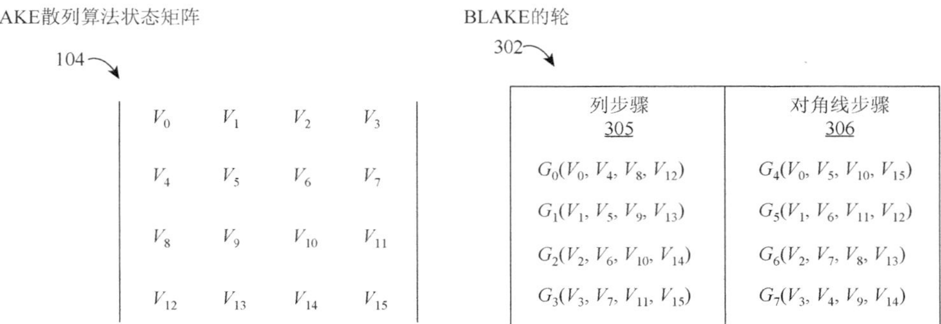

图 4.43　BLAKE 状态矩阵　　　图 4.44　BLAKE 算法的列步骤和对角线步骤

【相关专利】

US20140016773（Instructions processors，methods，and systems to process BLAKE secure hashing algorithm，2011 年 12 月 22 日申请，预计 2031 年 12 月 22 日失效，中国同族专利为 CN 104025502 B）

【相关指令】

两条向量指令：BLAKE-256 COLUMN STEP 指令和 BLAKE-256 DIAGONAL STEP 指令，分别执行计算列操作和对角线操作。

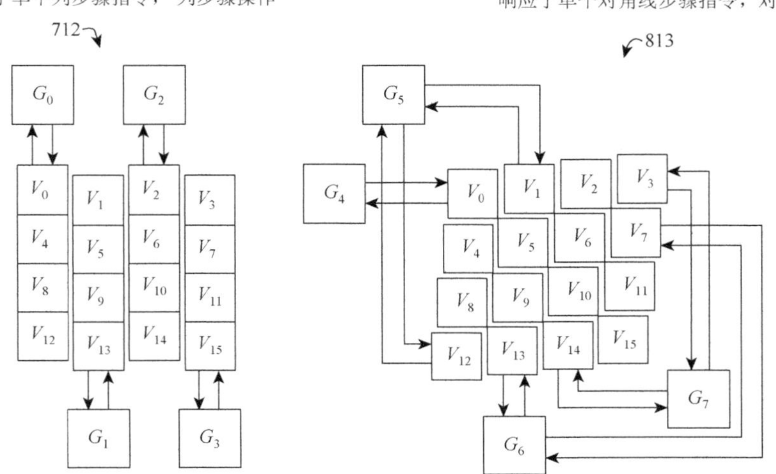

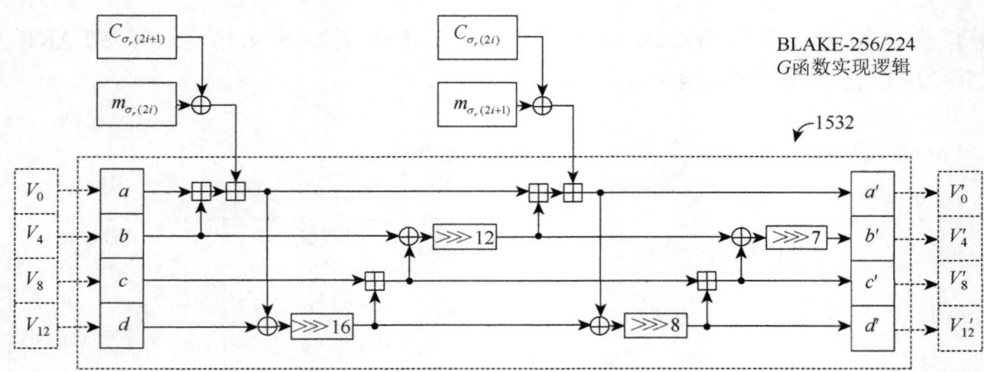

图 4.45　BLAKE 算法操作和 BLAKE-256/224 *G* 函数实现逻辑的框图

⊕ = 异或(XOR)；>>>*k* = *k*位朝向低有效位的循环；⊞ =加法(模2^{32})

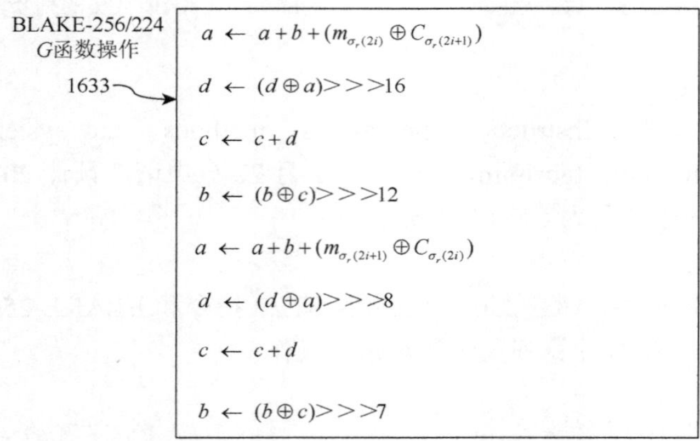

图 4.46　BLAKE-256/224 *G* 函数操作

【相关内容】

US20140016773 专利申请公开了执行 BLAKE 算法的列步骤操作和对角线步骤操作的两条矢量指令、执行部件（硬件）、系统和执行方法。该技术方案显著改善了实现 BLAKE 安全散列算法的效率和速度。本节说明以 BLAKE-256 为例，专利申请同样适用于 BLAKE-512 和 BLAKE-256/224 算法。

列步骤操作响应于单条列步骤指令，更新 16 个状态矩阵数据元素。指令第一源操作数有 16 个 32 位状态矩阵数据元素 $V_0 \sim V_{15}$，第二源操作数有表示常量和消息数据的数据元素（$C_0 \sim C_7$ 和 $M_0 \sim M_7$）。一条指令执行能实现 BLAKE 算法的半轮操作（$G_0 \sim G_3$ 函数逻辑），得到更新后的状态矩阵 $V'_0 \sim V'_{15}$。BLAKE 列步骤指令的执行示例如图 4.47 所示。

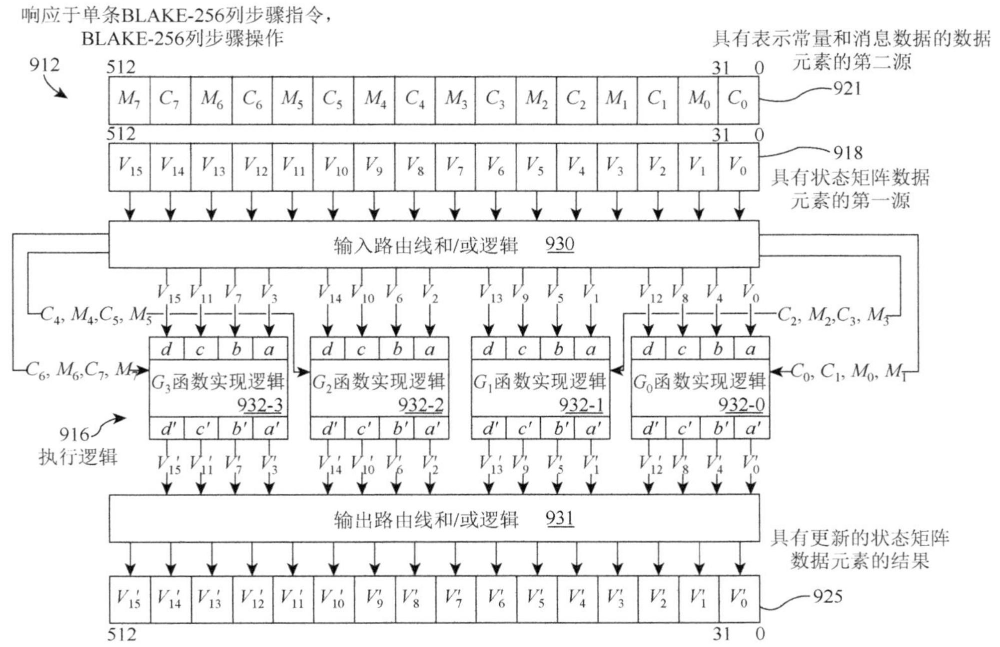

图 4.47　BLAKE 列步骤指令的执行示例

单条对角线步骤操作响应于单条对角线步骤指令，更新所有十六个状态矩阵数据元素。指令第一源操作数有 16 个 32 位状态矩阵数据元素 $V_0' \sim V_{15}'$，第二源操作数表示常量和消息数据的数据元素（$C_0' \sim C_7'$ 和 $M_0' \sim M_7'$）。单条指令执行能实现 BLAKE 算法的半轮操作（$G_4 \sim G_7$ 函数逻辑），得到更新后的状态矩阵 $V_0'' \sim V_{15}''$。BLAKE 算法对角线步骤指令的执行如图 4.48 所示。

本专利独立权利要求保护了 BLAKE 算法执行方法，包括接收指令（BLAKE 列步骤指令或对角线步骤指令）指示第一源：紧缩的状态矩阵数据元素，紧缩的状态矩阵数据元素包括至少一组四个状态矩阵数据元素，所述四个状态矩阵数据元素表示向加密散列算法的 G 函数的完整的一组四个输入，加密散列算法使用具有十六个状态矩阵数据元素的状态矩阵，并在更新所述状态矩阵的列和对角线中的状态矩阵数据元素之间交替；该指令指示第二源：有表示消息和常量数据的紧缩的数据元素；响应指令执行将更新的状态矩阵数据元素结果存储在指令指示的目的地，其中包括至少一组和第一源对应的四个更新的状态矩阵数据元素。

6. Skein 和 BLAKE 算法实现优化：循环和异或组合指令

Skein 算法中的函数之一 MIX 包含数据经循环左移操作，之后再和另一数据异或操作，如图 4.49 所示。

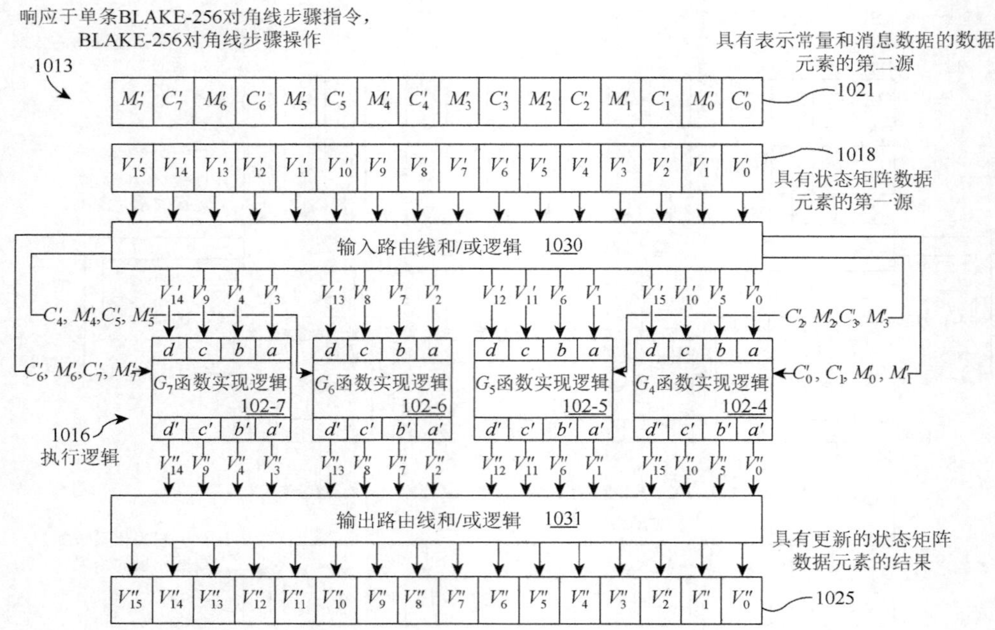

图 4.48　BLAKE 算法对角线步骤指令的执行

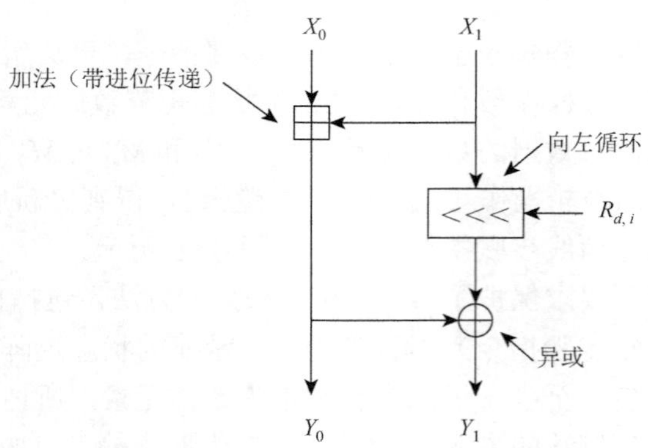

图 4.49　Skein 算法 MIX 操作示意图

BLAKE-256/224 *G* 函数实现逻辑的框图如图 4.45 所示。BLAKE 算法执行基于 32/64 位字的 4×4 状态矩阵，使用 *G* 函数先更新矩阵独立的列，然后更新矩阵独立的对角线元素。BLAKE 算法执行多次两数据异或操作，之后再执行循环移位操作。

如果使用现有技术完成 Skein 算法的 MIX 操作和 BLAKE 算法的 *G* 函数操作需要较多指令，因此使用本专利公开的循环和异或操作组合的单条指令可以节省操作数量。该指令也可用于 SHA-1/2 已有的散列算法循环和异或操作。

【相关专利】

US9128698（Systems，apparatuses，and methods for performing rotate and XOR in response to a single instruction，2012 年 9 月 28 日申请，预计 2032 年 9 月 28 日失效，中国同族专利为 CN 104583980 B）

【相关指令】

异或和循环组合指令 ROTATEandXOR。

【相关内容】

本专利公开了处理器响应单条异或和循环指令执行循环和异或的方法与装置。示例指令格式为：

```
ROTATEandXOR dest,src1,src2,imm
```

其中，操作数 dest 是 8/16/32/64 位目的寄存器或存储器位置；src1 和 src2 是源操作数，可为与目的操作数相同尺寸的寄存器、存储器位置或二者的组合；imm 是立即数值，表示循环移位位数和模式选择。

该指令可用于以下两种模式之一：src1 和 src2 先异或，再循环，该操作适用于 BLAKE 算法，如图 4.50 所示；src1 先循环，再和 src2 异或，该操作适用于 Skein 算法，如图 4.51 所示（其中 src1 和 src2 中均分别存储十六进制值 xAB 和 xB0）。要使用哪种模式可由立即数 imm 的一位或多位确定。

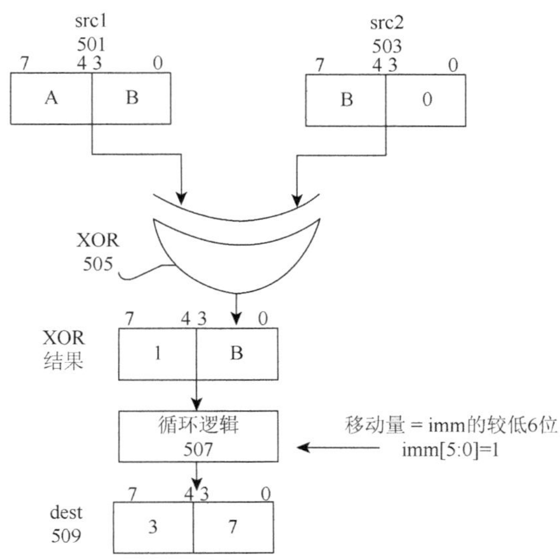

图 4.50　BLAKE 算法 G 函数循环和异或指令操作示意图

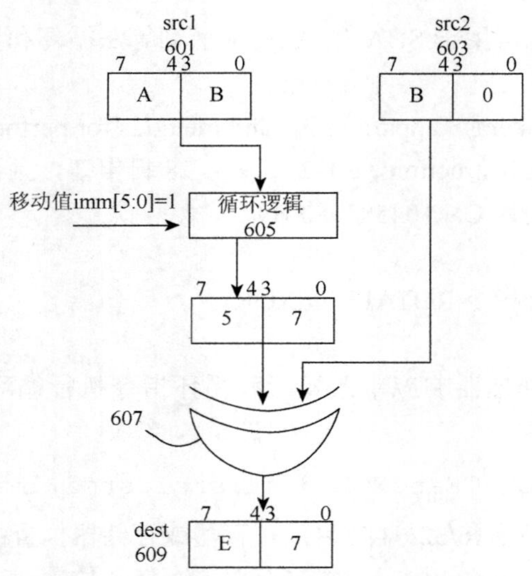

图 4.51　Skein 算法 MIX 函数循环和异或指令操作示意图

第 5 章　虚拟化技术专利分析

虚拟化技术允许客户机（guest）共享宿主机（host）的物理资源。在虚拟化系统中，多个虚拟机（virtual machine，VM）可以直接控制多个虚拟处理器，而虚拟机管理器（virtual machine manager，VMM）负责为各个 VM 分配物理资源。通常，VMM 运行在根（root）模式，而 VM 运行在非根（non-root）模式。当 VM 访问系统中的特权资源，如加速器时，处理器需要由非根模式切换到根模式，即暂时中止 VM 的执行而开始 VMM 的执行，由 VMM 完成对特权资源的访问。频繁地进行 VM 和 VMM 间的切换将导致系统性能下降，本章专利技术提出的方法均致力于有效降低上述切换的发生频率。

5.1　加速器接口虚拟化

【相关专利】

US20140007098（Processor accelerator interface virtualization，2011 年 12 月 28 日申请，预计 2031 年 12 月 28 日失效）

【相关指令】

（1）加速器识别指令（accelerator identification instruction）识别和枚举系统中所有可用的加速器。

（2）加速器任务请求指令（accelerator job request instruction）将任务请求从处理器发送给加速器。

《手册》中未公开以上两条相关操作指令。

【相关内容】

本专利技术针对如图 5.1 所示的带加速器的虚拟化系统公开了两类指令：加速器识别指令和加速器任务请求指令。这些指令可用于任何运行于虚拟化环境中的软件，允许软件在不离开 VM 的情况下访问加速器。

加速器识别指令用于识别和枚举系统中所有可用的加速器。执行加速器识别指令后，处理器将获得包括标识（ID）、功能、数量、拓扑等在内的所有关于加速器的信息。这些信息可能存储在相关的寄存器中。当系统中存在多个加速器时，加速器识别指令可以将请求逐个发送给所有加速器，从而获取所有加速器的信息。

加速器任务请求指令用于将任务请求从处理器发送给加速器。该指令通过加速器 ID 指定要将任务分配给哪个加速器，并提供其他信息，如请求或操作类型，来指定要由加速器完成的任务。加速器任务请求指令返回一个事务号，可用于跟踪分配给加速器的任务的执行并在完成后获取结果。

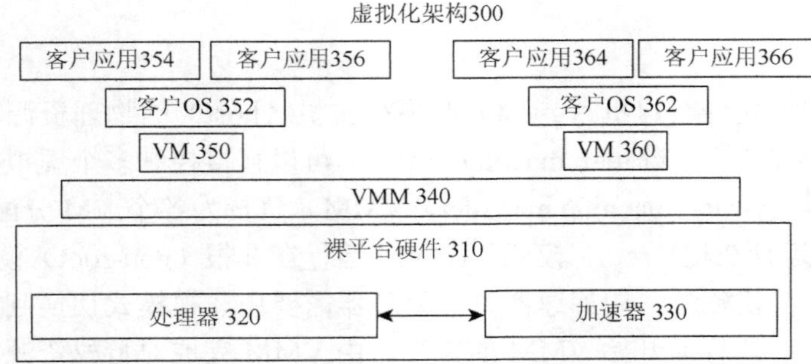

图 5.1 带加速器的虚拟化系统逻辑框图

5.2 VM 调用函数

【相关专利】

US9804870（Instruction-set support for invocation of VMM-configured services without VMM intervention，2012 年 9 月 27 日申请，预计 2032 年 9 月 27 日失效，中国同族专利为 CN 104137056 B）

【相关指令】

VMFUNC（invoke VM function，VM 调用函数）指令允许 VMX 非根操作中的软件调用 VM 功能（由 VMX 根操作中的软件启用和配置的处理器功能），而不需要退出 VM。

【相关内容】

专利技术涉及 VMFUNC 指令和在没有 VMM 介入的情况下对调用 VMM 配置的服务的处理器执行方法、处理器和处理器核等。现有技术有 VMCALL 指令。应用或操作系统例程执行 VMCALL 指令，可以从正在 VM 上运行的进程直接调用 VMM。为了调用 VMM 服务，CPU 的控制必须从调用的应用/OS 实例正运行的 VM 传送到 VMM，即 VM 退出，从而可能导致 VM 进程切换到 VMM 进程，完成服务后 CPU 再次将进程切换回 VM，即 VM 进入。如此，每次客户机软件调用 VMM 服务都发生 VM 退出，效率非常低。专利技术提出新指令 VMFUNC，将服务功能嵌入 CPU 使之代替 VMM 履行所请求的服务，从而不需要控制传递或在 CPU 内的背景切换。同时，虽然 VMM 不再执行服务，但服务需要由 VMM 来配置。

图 5.2 示例了 VMFUNC 指令的配置和使用的进程流。在客户机软件最初配置

时，VMM 通过写入 VM 的虚拟机控制结构（virtual machine control structure，VMCS）指示 VMFUNC 是否被该客户机软件启用，如果启用，进一步指示哪个 CPU 的服务被启用；下一次 VM 进入，将该配置信息从 VMCS 加载到 CPU 对客户机软件不可见的私有控制寄存器空间；当客户机软件需要调用该 VMM 配置的服务时，首先将标识该服务的值加载到 EAX 寄存器，还可以加载该服务的输入参数等其他信息到 EBX 等其他寄存器，寄存器被加载之后，客户机软件执行 VMFUNC 指令调用该服务；响应于该 VMFUNC 指令的执行，CPU 的指令执行电路检查 EAX 寄存器中的信息，确定哪个服务被请求（如果合适则继续检查其他寄存器中的输入参数等信息）；CPU 的指令执行资源查看私有控制寄存器，查看 VMFUNC 是否被启用并用于该客户机软件，如果是，则进一步查看客户机软件已经请求的服务是否已经被启用，如果两者均被启用，则 CPU 执行所请求的服务，如果任意一个未被启用，则 CPU 硬件引起异常。

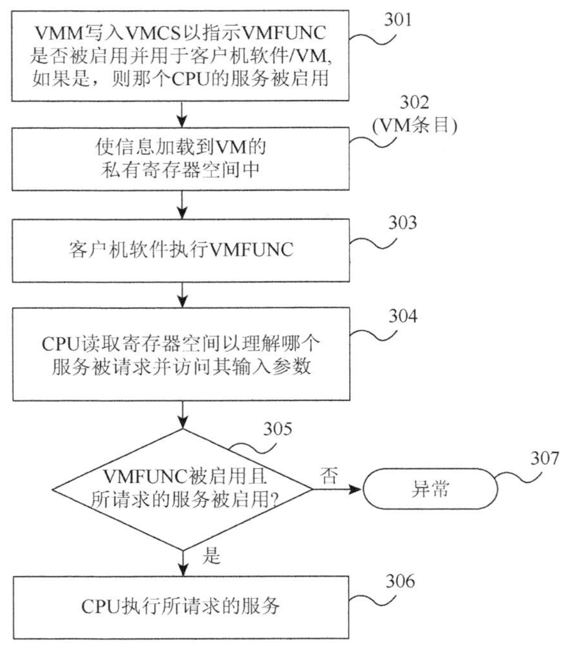

图 5.2　VMFUNC 指令的配置和使用的进程流

专利说明书中示例的主要是客户机地址切换服务的框图和流程图，见图 5.3 和图 5.4，其他可以由 VMM 提供的服务也可以被集成到 CPU 中，包括但不限于：①利用某些许可映射和取消映射存储器的特定区域；②以特定方式处理虚拟中断；③固定存储器以用作输入输出缓冲器。

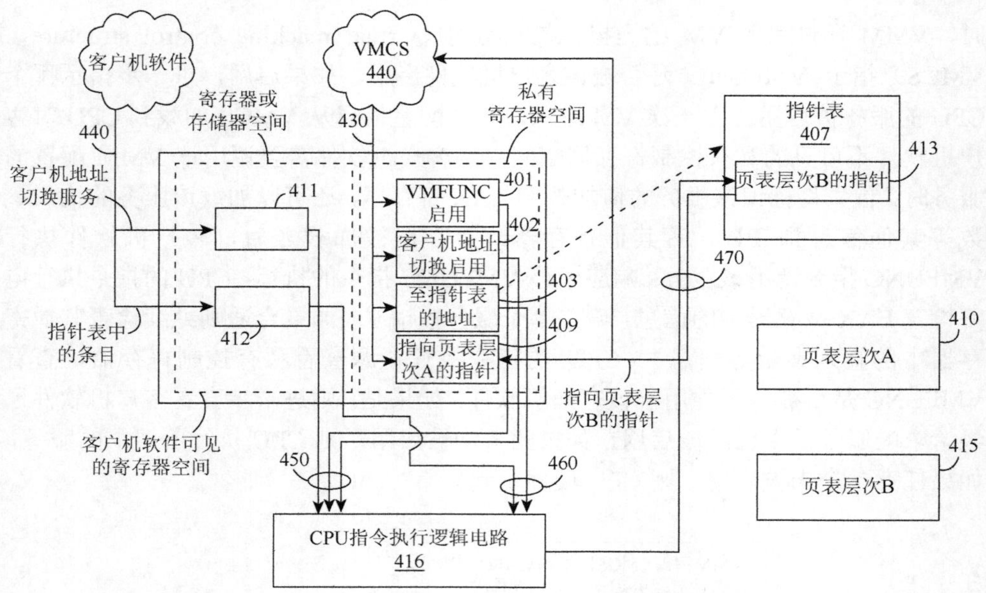

图 5.3 在 CPU 硬件中实现客户机地址切换服务的框图

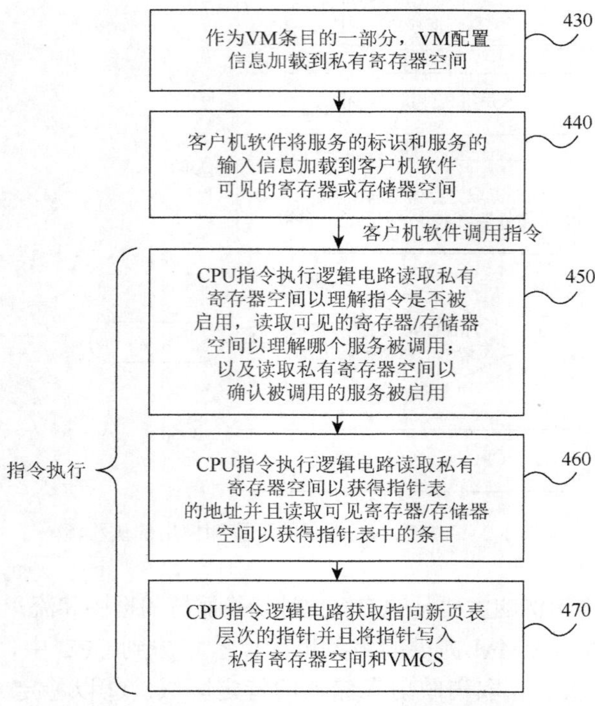

图 5.4 在 CPU 硬件中实现客户机地址切换服务的流程图

专利独立权利要求保护的一种处理器包括译码单元和执行单元，执行单元执行已译码前述指令，检查处理器的虚拟机上的客户机软件实例请求执行的指令是否被启用于该客户机软件实例，并检查该实例所请求的服务是否为在不退出虚拟机的情况下处理器执行的多个服务之一，如果均是，则在不退出虚拟机的情况下执行该服务，其中多个服务包括在不退出虚拟机的情况下处理器将执行的至少一个非中断服务。

第 6 章　微指令技术专利分析

微指令（或微操作）是译码之后产生的指令。在英特尔处理器中，为了实现 CISC 和 RISC 指令之间的兼容等目的，经常在处理器内对指令进行一定的转换，重新生成一些指令，英特尔通常称为微操作（μop）、微代码（microcode）等。

《手册》中未公开本章中部分专利的相关操作指令。这些未公开指令可能和 x86 处理器的微指令（或微代码）相关。

6.1　CISC 指令到 RISC 指令的转变

【相关专利】

（1）US5774686（Method and apparatus for providing two system architectures in a processor，1995 年 6 月 7 日申请，已失效）

（2）US6049864（Method for scheduling a flag generating instruction and a subsequent instruction by executing the flag generating instruction in a microprocessor，1996 年 8 月 20 日申请，已失效）

（3）US5638525（Processor capable of executing programs that contain RISC and CISC instructions，1995 年 2 月 10 日申请，已失效）

【相关指令】

与宏指令转换成的微操作相关。例如，指令 ADD32（32 bit add，32 位加法）被转换成 ADDF32 和 PRODF32 两条指令。其中 ADD32 是 CISC 加法指令，产生标志位。ADDF32 和 PRODF32 是 RISC 指令，ADDF32 是不产生标志位的加法，而 PRODF32 用于产生标志位。

《手册》中未公开的相关操作指令为：EVRET（event return，事件返回）；x86JMP（jump and change to x86 ISA，从当前指令集跳到 x86 指令集）；x86MT（move to x86 register，移到 x86 寄存器）；x86MF（move from x86 register，从 x86 寄存器移出）；x86SMT（move to x86 segment register，移到 x86 段寄存器）；x86SMF（move from x86 segment register，从 x86 段寄存器移出）；x86FMT（floating point move to x86 register，浮点移动到 x86 寄存器）；x86FMF（floating point move from x86 register，浮点从 x86 寄存器移出）；JMPX（jump and change to 64bit ISA，从当前指令集跳到 64bit 指令集）。《手册》中未公开本段相关操作指令。

专利内容还与 x86 指令集的 IRET（return from interrupt，中断返回）指令相关。IRET 根据堆栈帧（stack frame）中的 XPCR 寄存器确定返回到 x86-ISA 指令集或者 64 位指令集。

【相关内容】

专利介绍 CISC 指令向 RISC 指令的转换，既保持了英特尔指令的兼容性，又获得了 RISC 指令的优点。

US6049864 侧重介绍产生标志位的 CISC 指令如何转换成两条或多条 RISC 指令，转换示例见图 6.1。

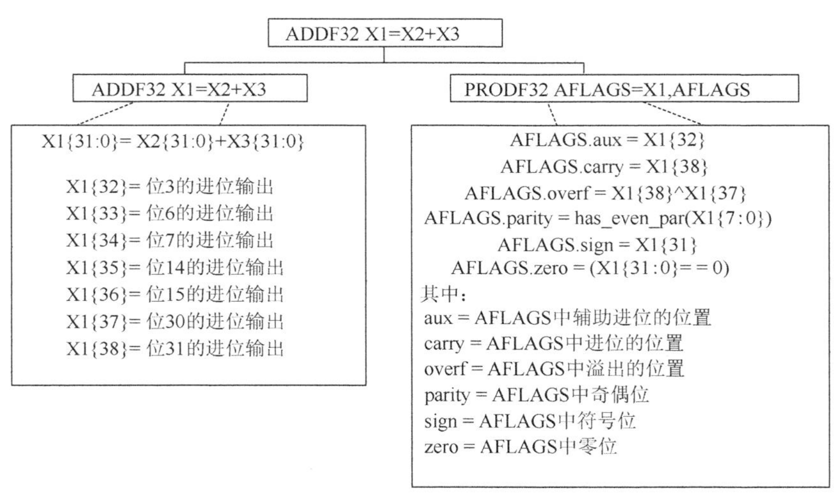

图 6.1　指令转换示意图

US5774686 在一个处理器中同时支持多种系统配置及多种指令集。系统包括存储管理模式、事件处理方式等，指令集包括 CISC、RISC、VLIW 等。相关的选择和转换由控制寄存器来决定：①一个扩展标志位决定是否可以选择新的系统配置及新的指令集；②一个指令集标志位决定选择哪种指令集；③一个系统标志位决定选择哪种系统配置。此外，每种指令集包含几条指令，用于从一种指令集跳到另外一种指令集，允许一个程序出现不同的指令集，如图 6.2 所示。

US5638525 关于处理器能支持不同指令集（如 RISC 和 CISC）的程序，具体包括：①指令单元由两个高速缓存构成，分别存储不同指令集的程序，指令单元还能产生信号模式选择器表明是哪个指令集，这个信号控制译码器以及执行单元；②有两个译码器以便针对不同指令集的指令分别进行译码；③两个执行单元以执行不同的指令集；④不同指令集之间也可以通过一个转换单元进行转换，如图 6.3 所示。

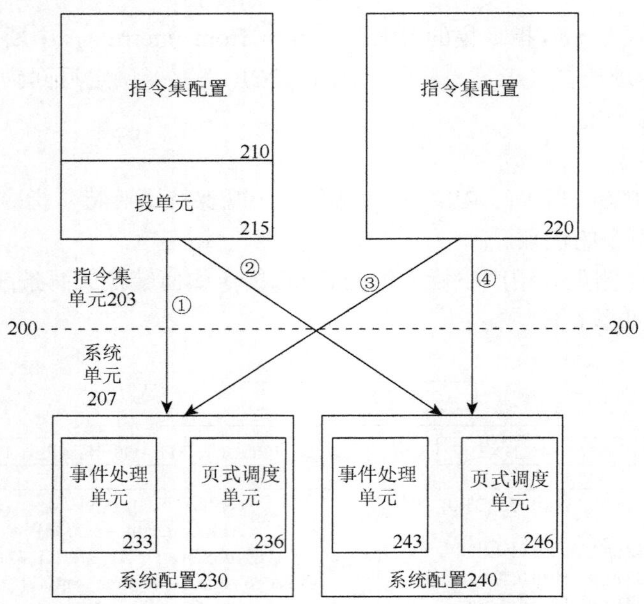

图 6.2　不同指令集和系统配置之间相互转换示意图

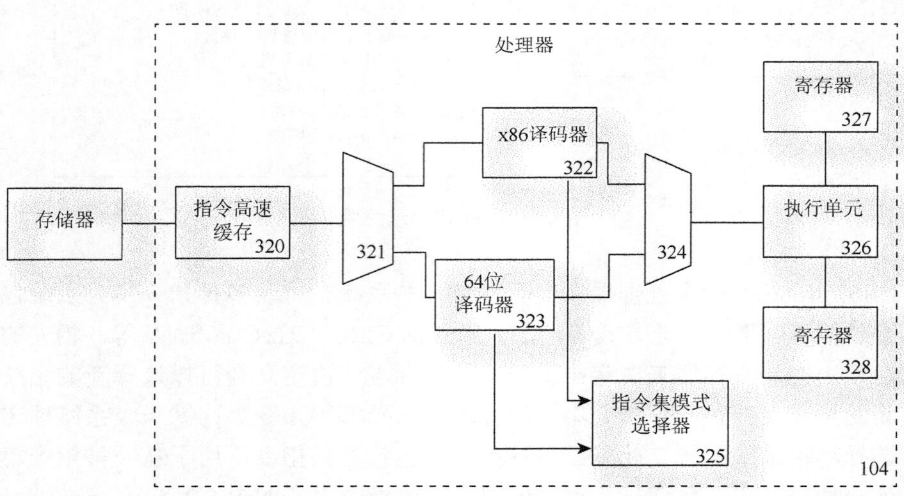

图 6.3　支持多指令集的处理器框架示意图

6.2　事件处理指令

【相关专利】

US5625788（Microprocessor with novel instruction for signaling event occurrence and for providing event handling information in response thereto，1994 年 3 月 1 日申请，已失效）

【相关指令】

SIGNAL_EVENT 指令，《手册》中未公开相关操作或指令。SIGNAL_EVENT 具体分成三条微指令执行：①对 SIGNAL_EVENT 第一个输入赋值“事件类型信息”，即 source1 ← Event type information；②对 SIGNAL_EVENT 第二个输入赋值，即 source2 ← Flags（including exception vector），result data；③把 SIGNAL_EVENT 两个输入写到相应目标寄存器，dest: = SIGNAL_EVENT(source2, source1)。

【相关内容】

本专利描述针对乱序处理器的事件（event）的检测和处理方法。事件会导致指令流的改变或者处理器状态的改写，如异常分支预测错误等，如图 6.4 所示。

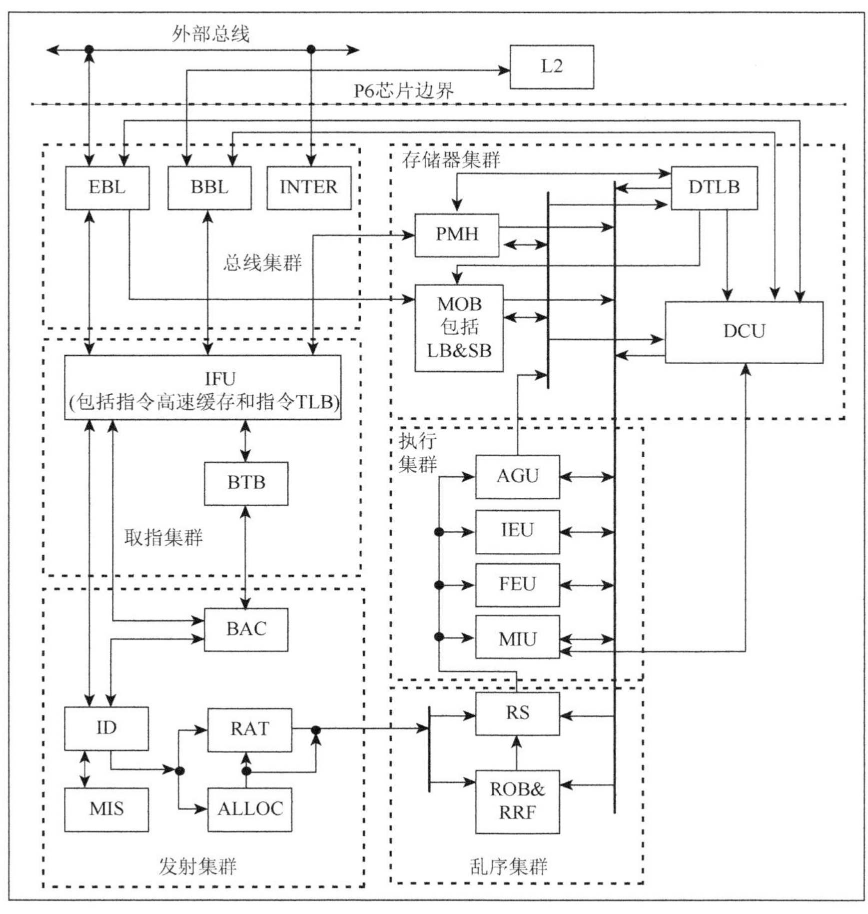

图 6.4　乱序处理器的事件检测和处理方法

具体过程包括以下几步。

（1）微代码或运算单元（如执行单元、取指单元、译码器）检测事件的产生。

（2）把事件信息写入相关 ROB 寄存器。事件信息包括事件类型值（event type value）、标志位值（flags value）、数据值（data value）。

（3）取 SIGNAL_EVENT 微指令，SIGNAL_EVENT 指令的源操作数为保存事件信息的相关 ROB 寄存器。

（4）执行 SIGNAL_EVENT 微指令，其功能是把源操作数包含的事件信息写入 ROB 中的目标寄存器。

（5）完成 SIGNAL_EVENT 微指令，把事件信息写到寄存器，并处理事件。

6.3　逻辑多数指令

【相关专利】

US5680408（Method and apparatus for determining a value of a majority of operands，1994 年 12 月 28 日申请，已失效）

【相关指令】

LOGICAL MAJORITY（逻辑多数）计算在几个输入数据中对应位置的值是“1”多还是“0”多，哪个值多就在结果对应位置输出该值。《手册》中未公开相关操作指令。

【相关内容】

与现有技术采用的软件方法相比，本专利技术采用取指、译码和算术逻辑单元等硬件逻辑和单条 LOGICAL MAJORITY 指令，可以在一个周期内完成逻辑多数计算操作，可以加速语音和手写等识别算法，还适用于容错系统、数据恢复等。

如果有三个输入数据，LOGICAL MAJORITY 的逻辑为

$$\mathrm{Mj}(x_1, x_2, x_3) = (x_1 \text{ AND } x_2)\text{OR}(x_1 \text{ AND } x_3)\text{OR}(x_2 \text{ AND } x_3)$$

如果有五个输入数据，则其逻辑为

$$\mathrm{Mj}(x_1, x_2, x_3, x_4, x_5) = (x_1 \text{ AND } x_2 \text{ AND } x_3)\text{OR}(x_1\text{AND } x_3 \text{ AND } x_4)\text{OR}(x_1 \text{ AND } x_4 \text{ AND } x_5)\text{OR}(x_1 \text{ AND } x_2 \text{ AND } x_4)\text{OR}(x_1 \text{ AND } x_2 \text{ AND } x_5)\text{OR}(x_2 \text{ AND } x_3 \text{ AND } x_4)\text{OR}(x_2 \text{ AND } x_3 \text{ AND } x_5)\text{OR}(x_2 \text{ AND } x_4 \text{ AND } x_5)\text{OR}(x_3 \text{ AND } x_4 \text{ AND } x_5)$$

LOGICAL MAJORITY 运算操作示例见图 6.5。

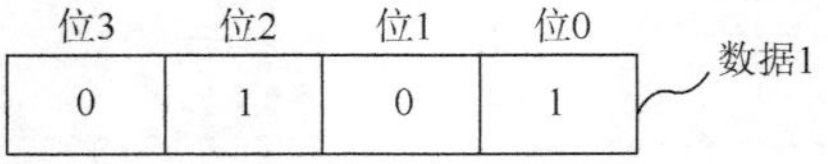

位3	位2	位1	位0
0	1	0	1

数据1

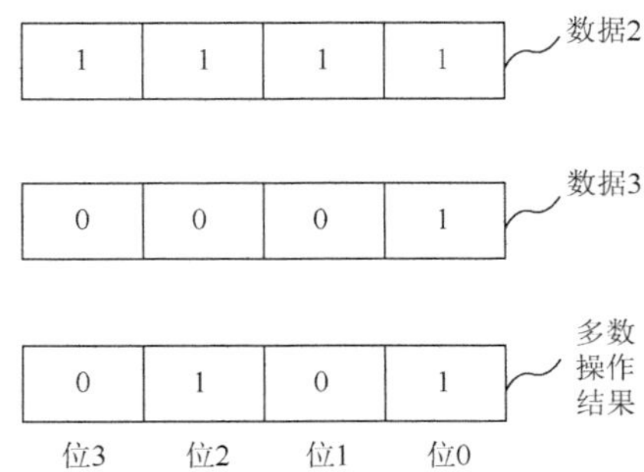

图 6.5　三操作数每位求逻辑多数的操作示例

第7章　指令集扩展、转换和兼容技术专利分析

英特尔设计新 x86 处理器时需要兼顾处理器性能、译码复杂度和译码电路，因此需要扩展原指令集的方法来设计新的指令集，这就造成了英特尔 x86 指令集包含指令宽度多样、译码方式不同的多个指令集。多指令集在 CPU 运行需要使用在多个指令集间相互转换，以及指令集之间的兼容相关技术。本章介绍与指令集扩展、转换和兼容技术相关的技术，例如，指令中各个域（field）压缩编码技术、标志位控制、地址和寄存器空间扩展等。

7.1　指令压缩编码

随着 x86 处理器面向各领域应用的深度优化设计，硬件逻辑的优化引发指令集扩充，旧指令集中的操作被分割为更细致、更高效、针对性更强的操作码，如果不对操作码、操作数以及指令格式进行规划控制，将导致译码器等硬件过于复杂而运行效率低下以及功耗增加或存储空间大幅增加而浪费存储资源等问题。为了解决上述技术问题，本节从操作码域、立即数域、相对地址域和指令格式方面介绍英特尔公司在指令压缩方面的相关专利。

7.1.1　操作码域压缩

【相关专利】

US6185670（System for reducing number of opcodes required in a processor using an instruction format including operation class code and operation selector code fields，1998 年 10 月 12 日申请，已失效）

【相关内容】

本专利技术的核心思想是在指令格式中使用操作类别代码（operation class code）和操作选择器代码（operation selector code）域来减少处理器指令集格式中操作码种类的数量，以达到降低译码单元复杂度的目的。硬件逻辑包括：译码器使用操作类别代码生成执行控制信息，该信息表示能够执行同类操作的单个执行流；执行单元执行由选择器代码指定的单个执行流同类操作中的一个操作。指令集压缩编码结构如图 7.1 所示，示例操作类别编码生成的同类操作为比较类

（compare，CMP），由操作选择器代码指定执行单元执行大于比较（compare-greater-than，CMPGT）、小于比较（compare-less-than，CMPLT）、相等比较（compare-equal，CMPE）等比较类中的具体哪一个操作。

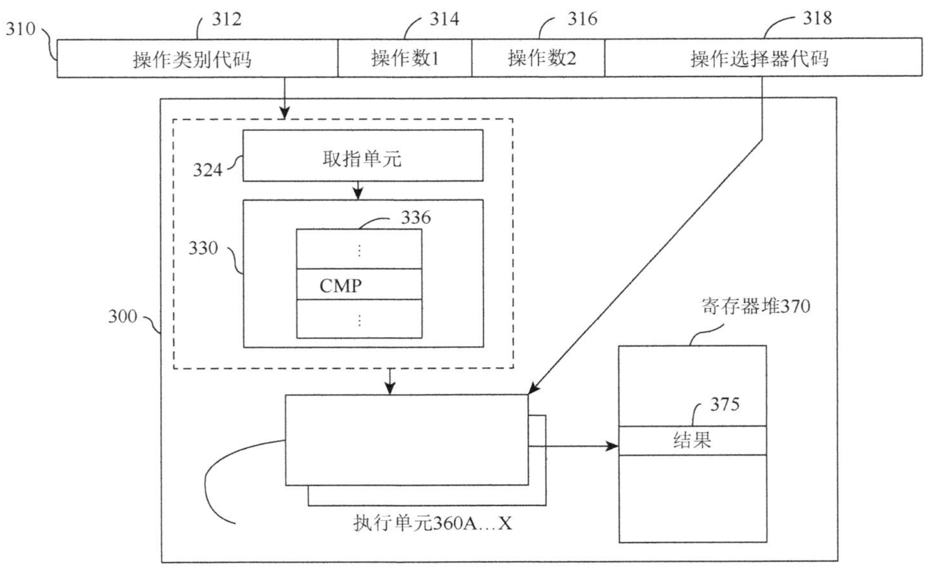

图 7.1　指令集压缩编码结构

7.1.2　立即数域压缩

1. 指令增加控制域

典型的指令包含一个固定数目的位数，通常指令在内部执行需要转换为微操作，而处理器内部每条微操作的存储空间长度通常也是固定的。而指令中的立即数操作数在具体应用中常成为冗余项。有些指令没有立即数，有些指令的立即数域没有占满。对于这些指令来说，可以通过压缩立即数域节省指令空间。

【相关专利】

（1）US6338132（System and method for storing immediate data，1998 年 12 月 30 日申请，已失效）

（2）US7114057（System and method for storing immediate data，2001 年 10 月 30 日申请，已失效）

（3）US6711669（System and method for storing immediate data，2003 年 1 月 10 日申请，已失效）

（4）US7321963（System and method for storing immediate data，2004 年 2 月 5 日申请，已失效）

（5）US7730281（System and method for storing immediate data，2007 年 10 月 17 日申请，已失效）

【相关内容】

现有技术指令集中包含立即数操作指令格式如图 7.2 所示。假设现有技术操作码为 6 位，即 $X=6$，立即数为 32 位，即 $Y=32$，US6338132 专利提出的压缩立即数域方案是在指令格式中增加控制域（control field），同时减少立即数域的位宽，示例指令格式如图 7.3 所示。和 $Y=32$ 位立即数现有技术相比，专利技术保持操作码域宽度为相同的 6 位操作码，仅用 16 位存储立即数，另外增加控制域宽度 2 位。

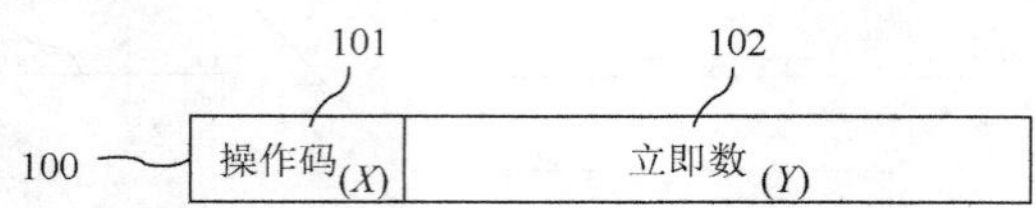

图 7.2　立即数操作指令格式（现有指令）

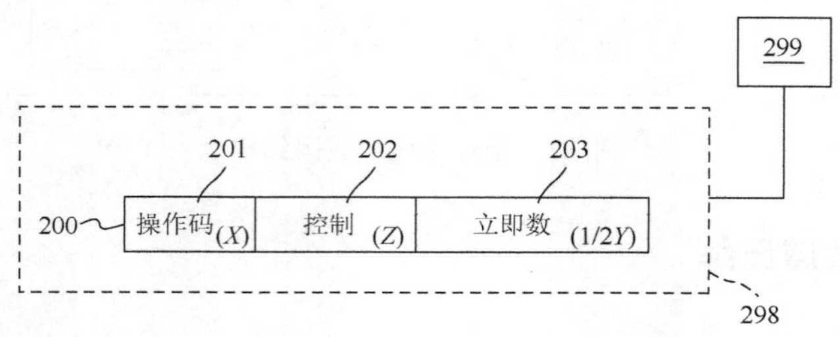

图 7.3　US6338132 专利中立即数操作指令格式

控制域的四种情况定义如图 7.4 所示，分别对应以下几种模式。

300	00	符号扩展
310	01	回扫
320	10	前扫
330	11	共享

图 7.4　控制域定义

（1）符号扩展（sign extension）控制模式。对于立即数表示范围落在 16 位区间的情况，可以节省一半的操作数空间，具体运算过程中通过符号扩展进行还原。

（2）回扫（back scavenging）控制模式。回扫控制模式对应如下待改进场景：前后两条立即数操作指令，前面一条立即数域为空，后续一条立即数域存放 32 位立即数，如图 7.5（a）所示。前后两条指令中的两个 32 位立即数都需要被逐位读出，造成了功耗浪费。专利技术中增加回扫控制模式，如图 7.5（b）所示，将图 7.5（a）中第二条指令的 32 位立即数拆分成两个 16 位立即数，分别存放在相邻的这两条立即数指令中，执行过程中，处理器通过回扫标志进行立即数前后两部分的拼接操作。

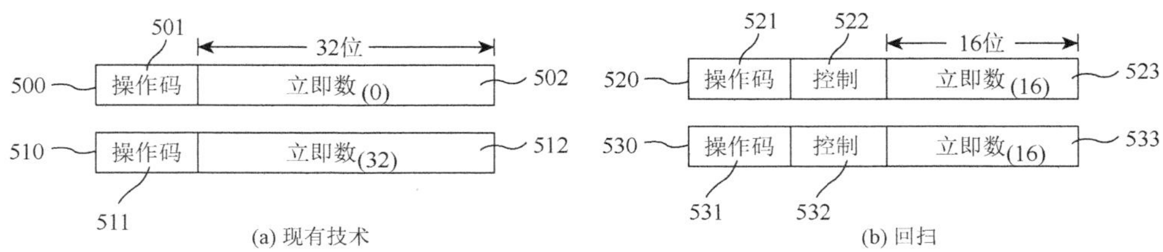

图 7.5　回扫控制模式

（3）前扫（forward scavenging）控制模式。其应用场景与回扫控制模式类似，只是指令顺序相反，见图 7.6，两条指令间后者为空，将前者拆分赋给后者。

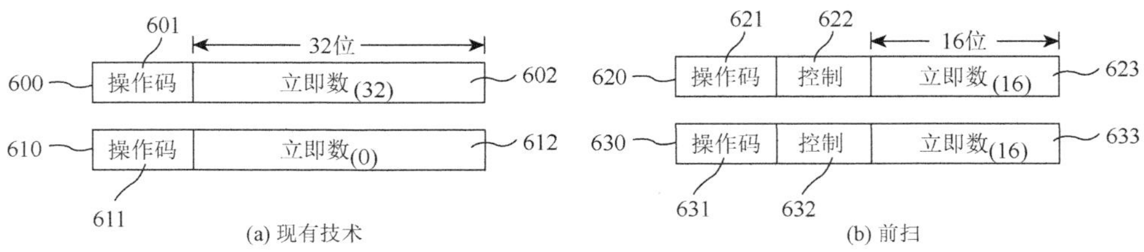

图 7.6　前扫控制模式

（4）共享（share）控制模式。这种模式对应如下待改进场景：前后两条立即数操作指令的立即数域相同或部分相同，如图 7.7 所示。前者已经从 32 位经压缩

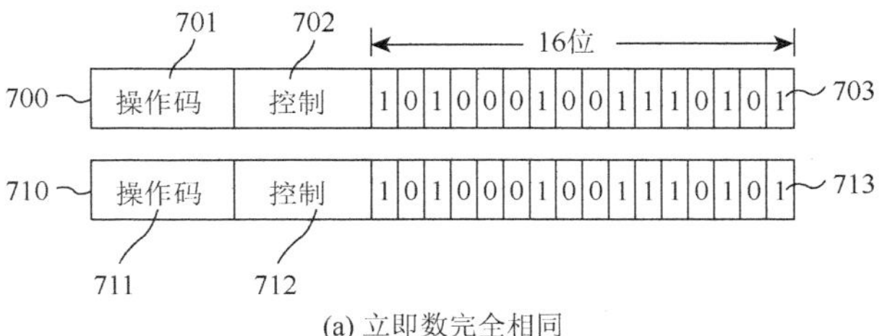

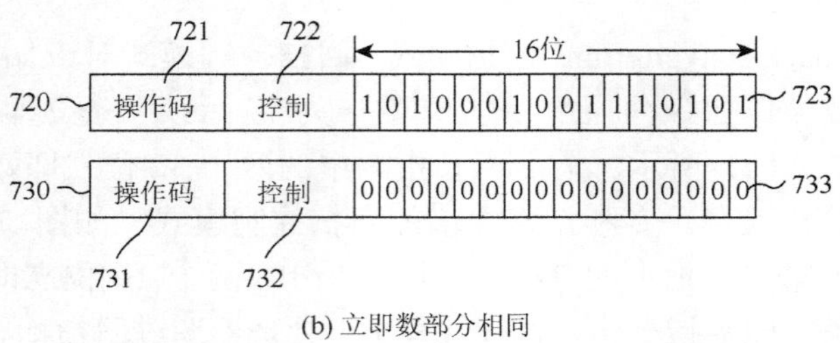

(b) 立即数部分相同

图 7.7　共享控制模式

生成 16 位立即数，后者不需再次压缩，并且后者（在完全相同的情况下）可以完全按照前者的立即数进行操作，从而空出自己的立即数域用于后续指令的回扫控制模式。

图 7.8 和图 7.9 示例了执行包含立即数域的指令压缩的流程图和立即数域压缩示意框图。

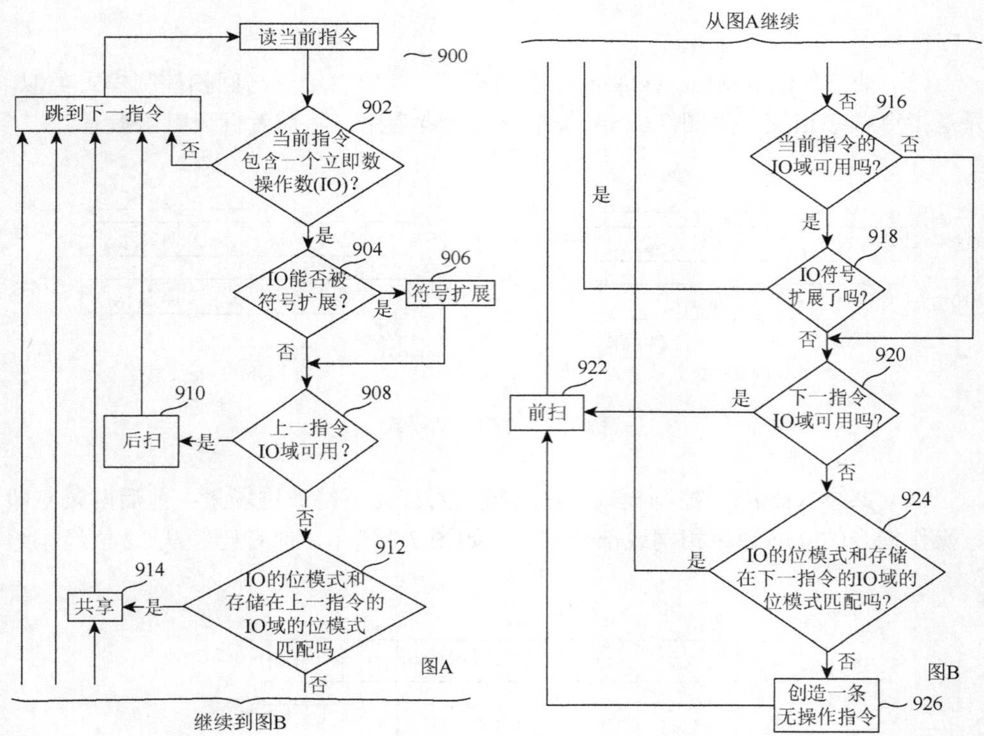

图 7.8　包含立即数域指令压缩流程图

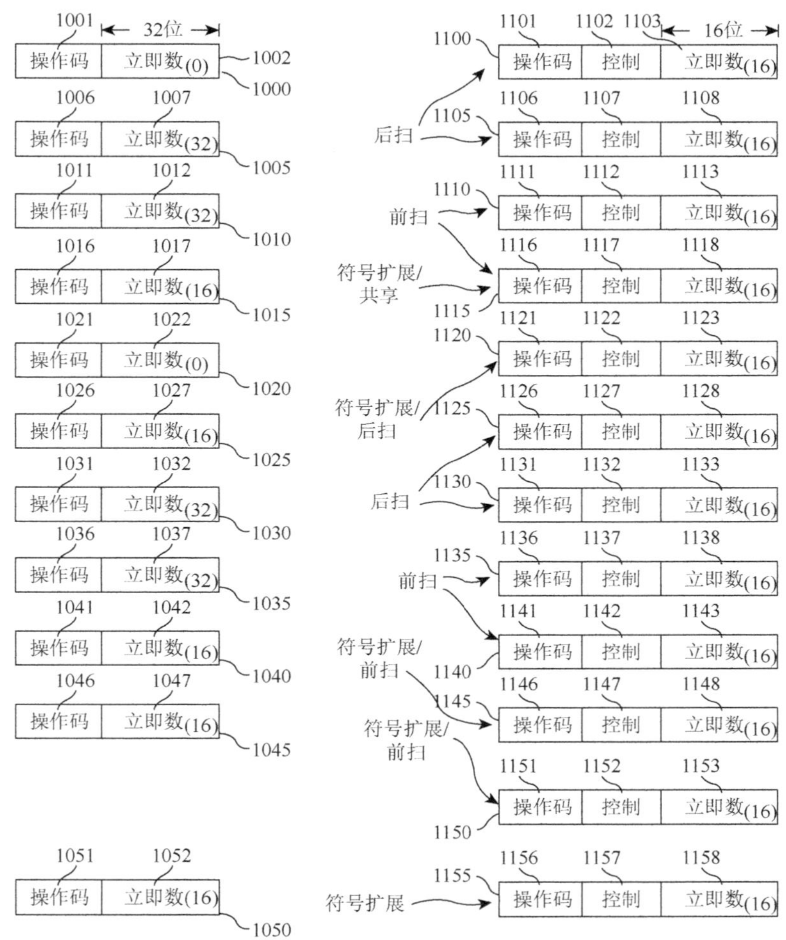

图 7.9 指令立即数域压缩示意框图

2. 立即数拆分存储并重组

【相关专利】

US7941651（Method and apparatus for combining micro-operations to process immediate data，2002 年 6 月 27 日申请，预计 2025 年 10 月 28 日失效）

【相关内容】

专利技术公开了一种处理具有长立即数的指令的方法和装置。如果指令操作数中有长立即数，现有技术需要非常大的微操作存储空间字段存储该立即数，为了解决该技术问题，专利技术方案中的译码器将指令分解为两个微操作 1 和 2，其中每个微操作包含长立即数的不同部分，并分别存储两个微操作（含操作数）

在存储空间中；与存储空间连接的执行单元，响应微操作 1，将存储空间中长立即数的一部分存储到连接到执行单元的寄存器的一部分中，响应微操作 2，将存储空间中长立即数的另一部分通过输出提供给连接到该执行单元的逻辑单元并启动重组（recombine）该长立即数。逻辑单元分别从与之相连的寄存器和执行单元获得该长立即数的两部分，重组该长立即数。技术核心为译码器拆开长立即数到两个微操作并分别存储到存储空间，执行单元转存被拆开的长立即数两部分到寄存器和逻辑单元并发起重建，逻辑单元分别从寄存器和执行单元获取被拆开的长立即数两部分后重组长立即数。执行流程示例见图 7.10。

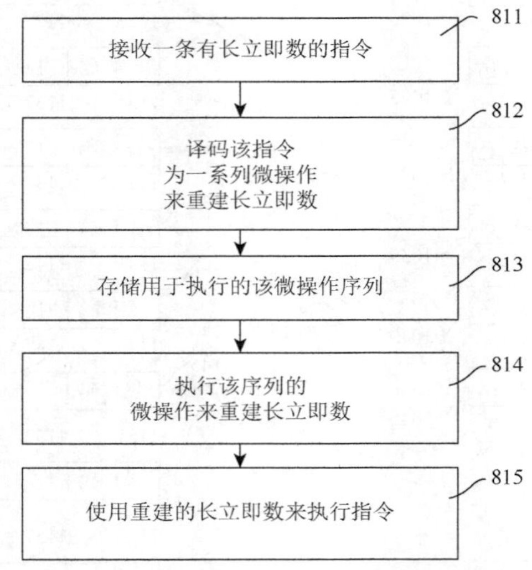

图 7.10　使用微操作处理长立即数的流程图

7.1.3　相对地址压缩与解压

无论存储还是计算，过长的地址位数将导致处理器效能（存储/计算效率与能耗比）过低的问题。本节专利技术涉及相对地址的压缩和解压。

1. 压缩相对地址

【相关专利】

US7111148（Method and apparatus for compressing relative addresses，2002 年 6 月 27 日申请，已失效）

【相关内容】

US7111148 专利技术涉及译码指令并计算相对地址以压缩形式作为立即数存

储在微操作存储中的方法和装置，该方法如图 7.11 所示。本专利独立权利要求保护的方法：译码包含 *K* 位位移量（displacement data）的指令 1 以识别微操作 1；将指令 2 的地址加到 *K* 位位移量上，生成 *N* 位相对地址；压缩 *N* 位相对地址生成 *M* 位立即数；将 *M* 位立即数存储在与微操作 1 关联的一个或多个存储位置。专利中示例的 MOV 指令使用 32 位相对位移来生成 48 位相对地址，48 位相对地址被压缩以生成具有 2 位校正域（correction field）的 34 位立即数。

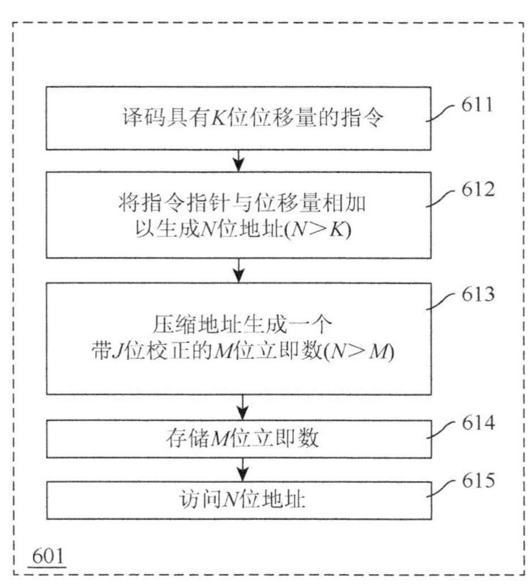

图 7.11　译码指令并压缩相对地址生成立即数存储的方法

处理器结构框图示例见图 7.12，在微操作存储器（micro-op storage 327）前后增加的硬件逻辑包括地址压缩部件（address compress 326）、地址解压缩部件（address decompress 328）以及地址转换部件（address conversion 313）。

地址压缩与解压缩的相关指令格式如图 7.13 所示。

专利中示例（非限定）英特尔公司是通过“MODRM（2 位寻址模式 mm、3 位扩展寄存器地址 rrr 以及寄存器寻址或存储器寻址模式选择位 r/m）”“SIB 字节（2 位扩展参数 ss、3 位索引寄存器 xxx 以及 3 位基寄存器 bbb）”“DISP（1 个或多个字节）”三个字段的定义实现地址域的压缩的。

2. 解压相对地址

【相关专利】

（1）US7010665（Method and apparatus for decompressing relative addresses，2002 年 6 月 27 日申请，已失效）

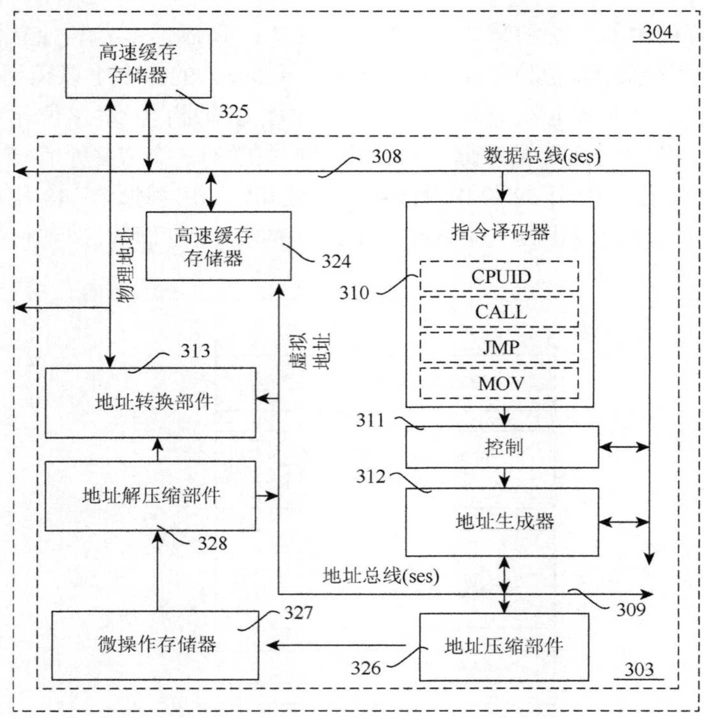

图 7.12　使用压缩相对地址的处理器

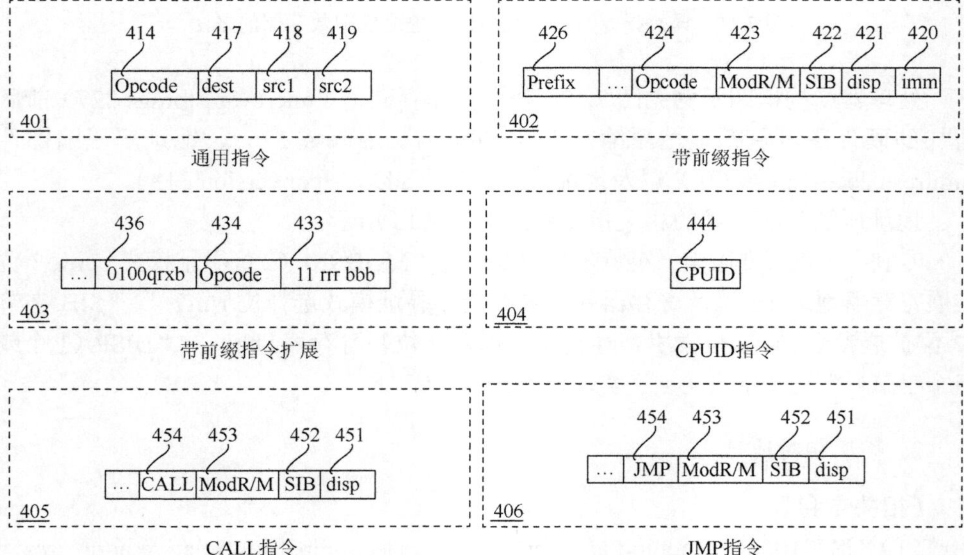

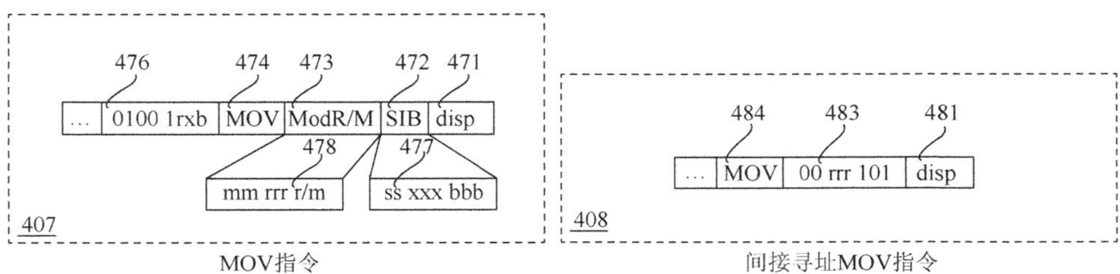

图 7.13　地址压缩与解压缩的相关指令格式

（2）US7617382（Method and apparatus for decompressing relative addresses，2005 年 8 月 4 日申请，已失效）

【相关内容】

本节专利技术用于相对地址解压缩。本专利与前面的专利 US7111148 配搭，US7111148 技术方案保护相对地址压缩，US7617382 和 US7010665 技术方案保护对压缩后的相对地址进行解压。专利独立权利要求保护的一种方法，包括：检索一个 N 位相对地址的压缩表示，该压缩表示包含 J 位字段的 M 位数据，其中 $J<M<N$；检索用于微操作存储位置的指令指针地址的一部分；根据需要修改指令指针地址的一部分，使其与 N 位的相对地址相对应；并从压缩表示和修改后的指令指针地址的一部分重新构造 N 位相对地址。示例流程如图 7.14 所示。

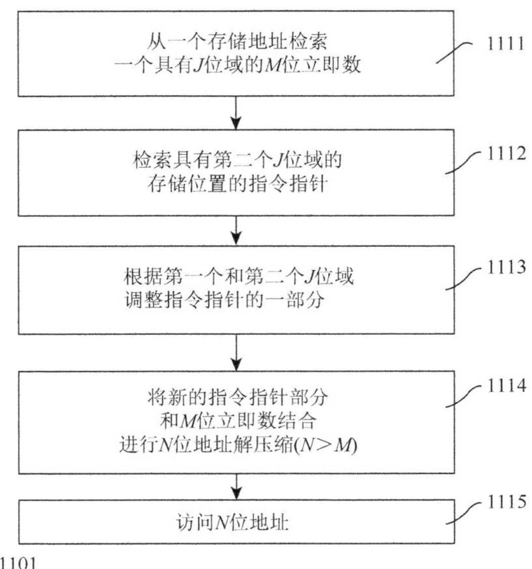

图 7.14　处理器将存储为压缩格式的相对地址解压为微操作地址流程

7.1.4 指令格式压缩

【相关专利】

（1）US8281109（Compressed instruction format，2007 年 12 月 27 日申请，预计 2030 年 2 月 4 日失效，中国同族专利为 CN 101533342 B）

（2）US8504802（Compressed instruction format，2012 年 9 月 7 日申请，预计 2027 年 12 月 27 日失效）

图 7.15 “指令格式压缩”译码流程

【相关内容】

本组专利提供了一种用于对可变长指令集中指令的编码技术。该技术能够在不增加或减少指令长度的前提下保证兼容性，支持传统、现有和将来的指令集扩展，且在一些情况下降低了编码复杂度。

译码流程见图 7.15。首先将指令字节循环，使得要译码的第一字节在起始位置；接着，指令缓冲器接收并存储取出的指令；然后，（第一译码逻辑）对指令进行预译码，其中检测用作指令集的组成字段的预定义前缀（prefix）、转义码（escape code）、操作码（opcode）集合中的一个或多个，并指明多个字段的功能；之后，（第二译码逻辑）将所接收的指令信息从现有技术指令格式转换成本专利技术的一个示例的格式，后者具有更少的位数；最后，将已转换指令发送给操作码译码器，以便生成符合预期指令操作的指令信号。

图 7.16 示例了指令的前缀、REX、转义码从 1～3 字节的范围变为 2 字节。具体为字节长前缀“[66，F2，F3]”由“pp”表示，REX 字段由“R”表示，以及转义字节从“0F”编码为“C5”。可见传统转义字段由新的转义字段取代，传统前缀部分压缩为“有效载荷”字节的部分，传统前缀可再利用并可用于将来的指令扩展，以及增加新的特征。该专利说明书中仅给出若干示例，独立权利要求中并未限定具体的现有技术指令转换为本专利技术的具体编码方式。

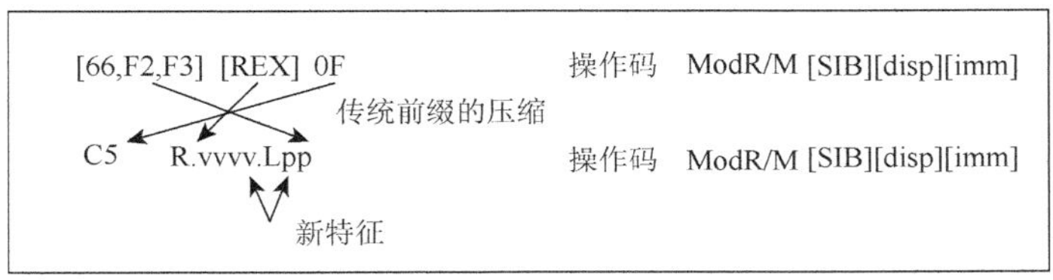

图 7.16 “指令格式压缩”示例

7.2 标志位控制

处理器在两个指令集间切换时，对于显式修改标志位的操作，更新寄存器和标志位，完成后可直接释放物理寄存器；对于隐式修改寄存器的操作，只更新寄存器而不更新标志位，此时不能马上释放物理寄存器，延迟释放直到算术运算标志位也被更新。

【相关专利】

US6253310（Delayed deallocation of an arithmetic flags register，1998 年 12 月 31 日申请，已失效，中国同族专利为 CN 1192305C）

【相关指令】

与需要兼容不同指令集的指令相关，如同时支持 32 位指令集和 64 位指令集。

【相关内容】

专利技术解决标志寄存器在算术运算过程中的更新误操作问题。本专利技术提供了一个装置和方法，延迟重新分配在重排序队列中重新分配的物理寄存器，该重排序队列包含有效运算标志位。该运算标志位被保留直至它被后续指令更新，并且存储在不同的物理寄存器中。

US6253310 专利技术按如下步骤（图 7.17）执行：首先判断指令是否更新了算

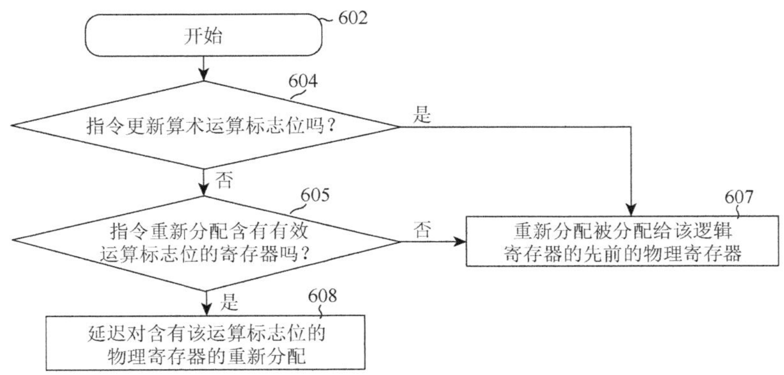

图 7.17 算术标志位寄存器延迟分配流程图

术运算标志位，如果进行了更新，则释放分配给逻辑寄存器的物理寄存器；否则继续判断释放寄存器的指令是否包含有效的算术运算标志位，如果不包含（说明该指令不涉及算术运算标志位），则释放分配给逻辑寄存器的物理寄存器；否则，延迟物理寄存器的释放，直至算术运算标志位被更新。指令对是否延迟释放寄存器的影响如图 7.18 所示。

指令对运算标志寄存器的影响	对先前运算标志寄存器的延迟重新分配
明确更新	否
隐含更新	否
不更新和不重新分配寄存器	否
不更新和重新分配寄存器	是

图 7.18　运算标志寄存器分类

7.3　加速二进制转换的方法

【相关专利】

US6430674（Processor executing plural instruction sets（ISA's）with ability to have plural ISA's in different pipeline stages at same time，1998 年 12 月 30 日申请，已失效）

【相关内容】

US6430674 专利介绍一种加速二进制转换的方法，支持从一个指令集架构向另一个支持多指令集架构处理器的转换。二进制转换中处理器模式的改变示例见图 7.19。该方法通过将源指令集指令流转换为目标指令集指令后，将后者送入不同流水段使其同时执行，从而提高效率。

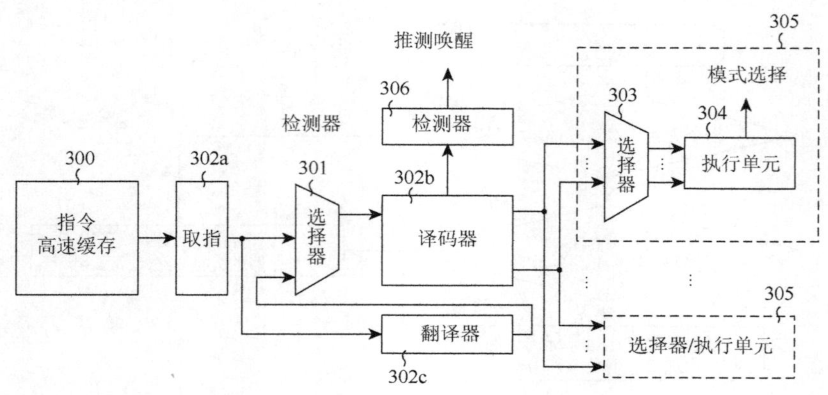

图 7.19　二进制转换中处理器模式的改变

7.4　标签寄存器编码转换

【相关专利】

US6367000（Fast conversion of encoded tag bits，1998 年 9 月 30 日申请，已失效）

【相关内容】

专利技术解决新旧处理器中标签（tag）寄存器长度不同的问题，利用至少两个相邻位转换机制在保证指令集兼容的基础上使转换效率提高。

说明书中给出的示例如表 7.1 所示。一个有 8 个浮点寄存器的浮点单元 FPU，可以有一个 16 位标签寄存器（tag register），其中每个浮点寄存器配 2 位标签。针对新的 SAVE（保存）指令执行，仅配备 8 位的标签寄存器，因此需要有效地将 16 位标签寄存器转换为 8 位标签寄存器。

表 7.1　内部、互补和紧凑标签字对浮点寄存器状态和条件的编码

浮点寄存器	内部标签字	互补标签字	紧凑标签字
0	T0～T1	C0～C1	F0
1	T2～T3	C2～C3	F1
2	T4～T5	C4～C5	F2
3	T6～T7	C6～C7	F3
4	T8～T9	C8～C9	F4
5	T10～T11	C10～C11	F5
6	T12～T13	C12～C13	F6
7	T14～T15	C14～C15	F7

本专利的处理器中，内部标签字（internal tag word）T0～T15、互补标签字（complemented tag word）C0～C15 和紧凑标签字（compact tag word）F0～F7 分别对浮点寄存器 0～7 状态和条件的编码对应关系如表 7.1 所示。对于 16 位的传统标签字（legacy tag word，表 7.1 中未示例），两位“00”代表“valid”（有效），“01”代表“zero”（零），“10”代表“special”（特殊），“11”代表“empty”（空或无效）。内部标签字 T0～T15 维护有效和无效信息，即“00”代表有效，“11”代表无效，可分别对应传统标签字的“00”和“11”；互补标签字是内部标签字的补码，即“11”代表有效，“10”代表零，“01”代表特殊，“00”代表无效；由于紧凑标签字编码“0”代表无效，“1”代表有效，因此可以从补码标签字“00”提取其中一位 0 代表“无效”，“11”提取其中一位 1 代表有效。从互补标签字提取

的时候可以选择所有 8 个偶数位提取，也可以是全部 8 个奇数位提取。本专利技术方案为了提高转换效率，采取提取相邻位并放置到相邻位的方法，可以将奇数或偶数提取的 8 次映射缩减为专利技术的 4 次映射，如图 7.20 所示：C1～C2→F0～F1；C5～C6→F2～F3；C9～C10→F4～F5；C13～C14→F6～F7。

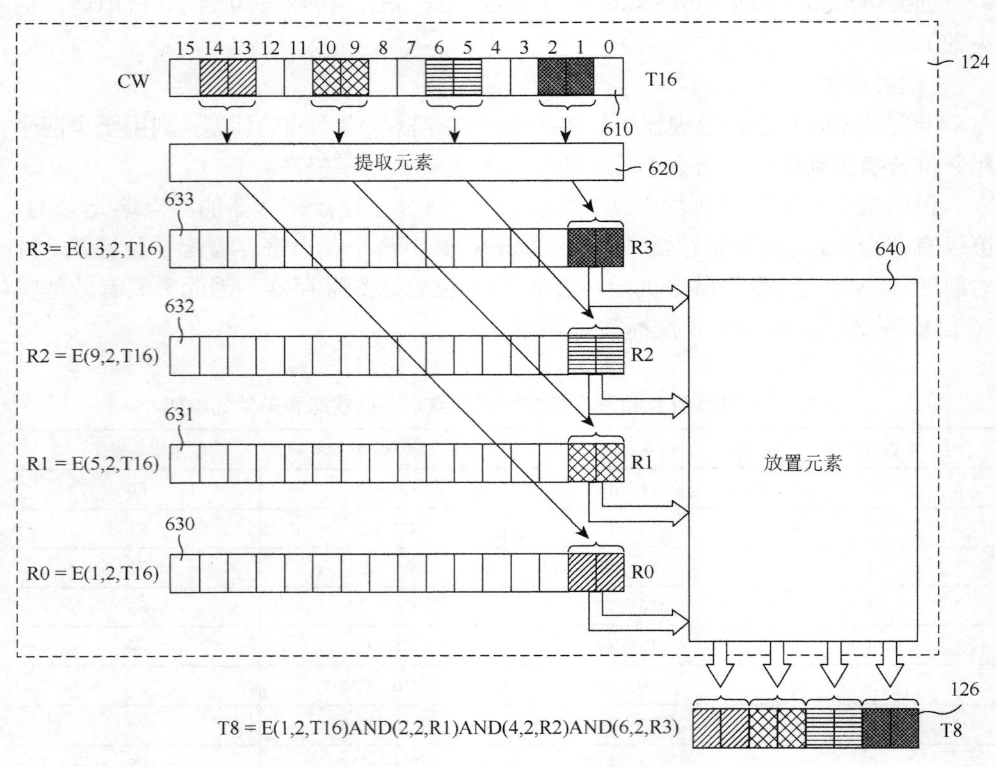

图 7.20　标签域提取和放置

7.5　地址空间扩展方法

【相关专利】

US7171543（Method and apparatus for executing a 32-bit application by confining the application to a 32-bit address space subset in a 64-bit processor，2000 年 3 月 28 日申请，已失效）

【相关内容】

US7171543 专利技术解决了 32 位环境下编写的应用程序向 64 位执行环境移植过程中会产生错误的问题。例如，直接对 32 位地址进行符号扩展会生成一个错误地址导致异常。本专利提出一种地址空间的扩展方法，适用于将较少位数的地址码转换到较多位数的地址码字长环境中，支持有符号和无符号地址的扩展。首先为较长位数的目标体系结构地址生成一份地址模板（address references），将该模板按照较少位数的源地址长度进行截断，然后按照源地址是否为有符号数进行扩展：如果是无符号数，进行补零扩展，如果是有符号数，进行符号扩展。执行 32 位应用程序的 64 位处理器示例见图 7.21。该 64 位处理器包括寻址模式控制逻辑，该逻辑具有控制标志，可以指定移植的 32 位应用程序被限制在 32 位地址空间子集中，并使用 32 位地址。

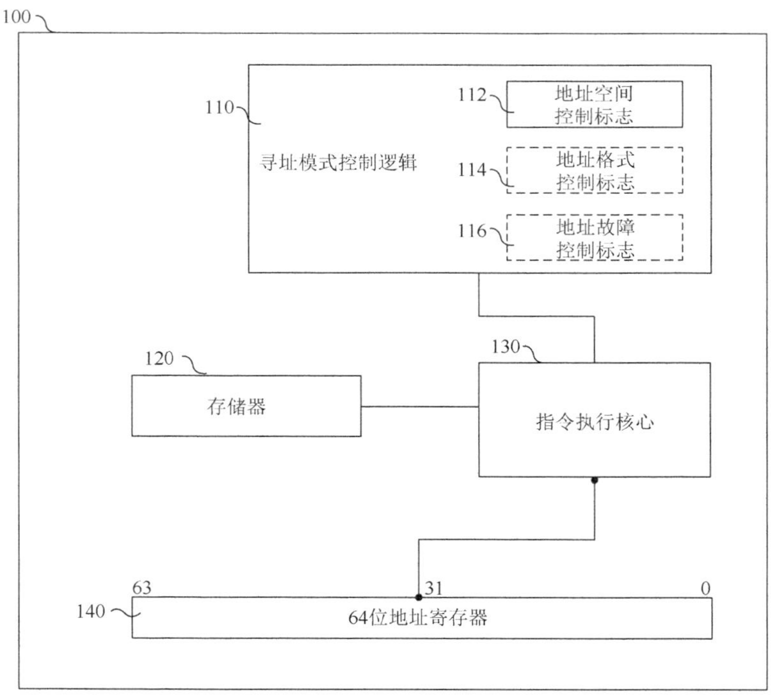

图 7.21　执行 32 位应用程序的 64 位处理器

7.6　扩展寄存器集合的指令集支持

【相关专利】

（1）US6625724（Method and apparatus to support an expanded register set，2000 年 3 月 28 日申请，已失效）

（2）US7363476（Method and apparatus to support an expanded register set，2003 年 7 月 22 日申请，已失效）

【相关内容】

IA-32 指令集只支持 8 个逻辑寄存器，随着体系结构与制造工艺的进步，处理器内通用寄存器越来越多，需要指令集支持扩展的逻辑寄存器集。

图 7.22 示例了现有技术的 IA-32 指令格式，其中 Mod 字段 236 为 01B，R/M 字段 232 为 100B，索引字段为 100B，该寻址模式信息在 IA-32 体系结构中不支持，为了支持这类未使用的位域，US6625724 和 US7363476 专利公开一种对目标体系结构扩展寄存器集合的指令集支持，支持不使用前缀、使用已有的指令操作码和传统操作数（legacy operands），通过将具有特定寻址模式信息编码的指令的寻址模式信息的位信息重新映射以包括至少具有 4 位的寄存器标识符，访问扩展逻辑寄存器集。特定寻址模式信息编码在独立权利要求中明确为 IA-32 指令中 ModR/M 字节中的 Mod 域的特定值和 R/M 域的特定值，以及 SIB 字节的特定值（未限定特定值的具体数值）。

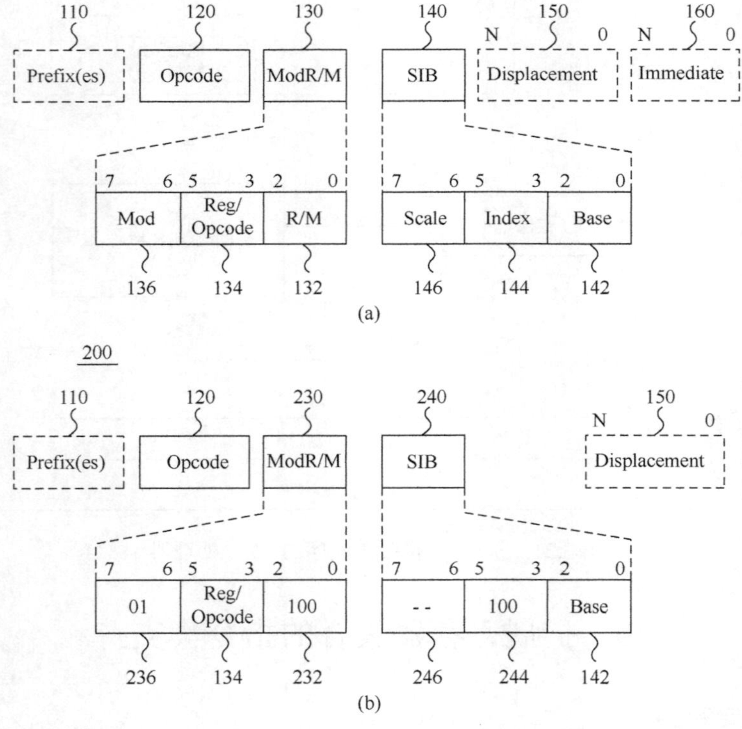

图 7.22　IA-32 指令格式示例（现有技术）

图 7.23 示例了支持访问扩展的寄存器集的指令格式。Mod 字段为 01B，R/M 字段 232 为 100B，索引字段为 100B。当指令译码器通过三个比较器识别出该寻址

模式指令时，译码器可以将寻址模式信息的位和/或其他指令字段解释为指定一组扩展的逻辑寄存器。示例为 ModR/M 字节的第 3～5 位指定寄存器 1 编号的 3 个最高有效位（most significant bit，MSB）；SIB 字节的第 6～7 位指定寄存器 1 编号的 2 个最低有效位（least significant bit，LSB），第 0～2 位指定寄存器 2 编号的 3 个最高有效位；偏移量字段的 2 位指定寄存器 2 编号的 2 个最低有效位。

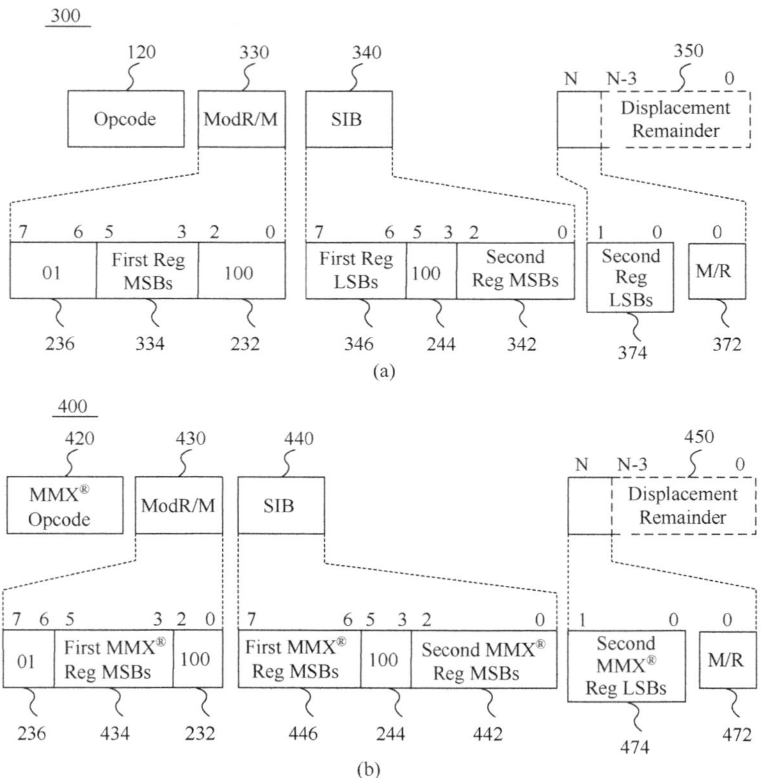

图 7.23 指令格式支持访问扩展的寄存器集示例

7.7 寄存器空间扩展方法

【相关专利】

US7676654（Extended register space apparatus and methods for processors，2007 年 7 月 30 日申请，已失效）

【相关内容】

为了提升处理器性能而增大寄存器文件空间，通常指令集编码需要重新设计并导致一系列关联改变。本专利技术提供一种方法，在不修改指令集编码格式的前提下，支持寄存器空间的扩展。例如，现有技术的处理器只支持访问 8 个 32 位的通用寄存器，新的处理器如果要访问 8 个 32 位的通用寄存器以及 1024 个 32 位扩展寄存器空间，使用现有技术兼容的指令编码使新处理器能够访问扩展寄存器的方法（针对使用内存操作数）。专利技术的核心思想是通过确定指令中偏移字段（displacement field）的页标识符（page identifier）或标记部分是否与扩展寄存器空间相关联的标识符值或标记匹配，来实现寄存器扩展部分的访问，示例流程见图 7.24。

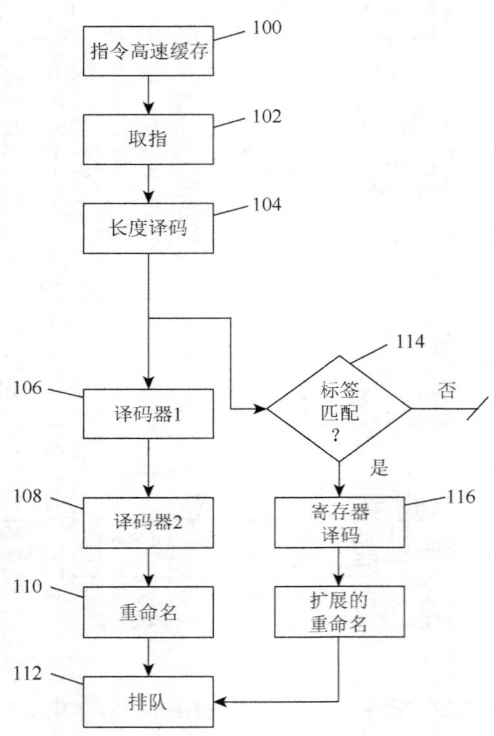

图 7.24　扩展寄存器空间，不修改指令集编码

如图 7.24 所示，现有处理器访问缓存取指并译码的流程为从框 100（访问缓存）到 112（排队等待执行）的左侧路径。本专利技术的新处理器依旧使用现有技术的译码块来执行与译码框 106 和 108 相关的译码；同时，译码块增加了确定指令中偏移字段的页标识符或标记部分是否与新处理器增加的扩展寄存器空间相关联的标识符值或标记匹配。如果不匹配，则译码硬件或逻辑执行和现有处理指令并行译码，不采取与该指令相关的进一步操作；如果匹配，新处理器使用译码

器译码 Mr/m 字段的寄存器指针位（register pointer bits）和偏移字段的寄存器索引位，以确定源操作数或目的操作数是否位于扩展寄存器空间内。

7.8　64 位乱序处理器运行 32 位程序的高性价比执行方法

【相关专利】

US7228403（Method for handling 32 bit results for an out-of-order processor with a 64 bit architecture，2001 年 12 月 18 日申请，已失效）

【相关内容】

US7228403 专利提供一种 64 位乱序处理器上运行 32 位程序的高性价比执行方法，如图 7.25 所示。将运行在前序体系结构中的较少比特位数字长程序经编译转化为较长比特字长的程序指令流，同时保证不会带来显著的性能下降或占据较高芯片面积。方法执行过程如下：对程序指令流进行检测，当检测到第一条较短字长指令的源操作数不具备目标体系结构的寄存器地址时，在此条指令前面增加一条提取 extract 指令，该指令引发如下操作：将本条提取指令和下一条较短比特字长的指令一同分配到保留站（reservation station）中；等待源操作数和指令执行单元（instructional execution unit，IEU）准备就绪，一旦就绪便将本条提取指令发射到指令执行单元中；在指令执行单元中执行该指令；提示控制逻辑该条指令的结果需要写入提取指令后面的那条较短比特字长的指令的结果域中；将提取指令的执行结果写入那条较短比特字长的指令的结果域中。

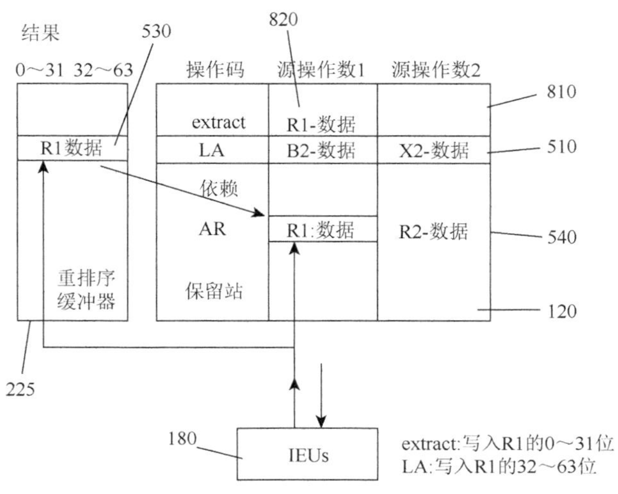

图 7.25　在 64 位乱序处理器上执行 32 位应用程序

参 考 文 献

[1] 英特尔亚太研发有限公司组编. 处理器架构[M]. 上海：上海交通大学出版社，2011.

[2] Patterson D A，Hennessy J L. 计算机组成与设计——硬件/软件接口[M]. 郑纬民等，译. 北京：机械工业出版社，2007.

[3] Shen J P，Lipasti M H. 现代处理器设计——超标量处理器基础[M]. 张承义等，译. 北京：电子工业出版社，2004.

[4] James R. Intel® AVX-512 instructions[EB/OL]. [2016-07-01]. https://software.intel.com/en-us/blogs/2013/avx-512-instructions.

[5] National Institute of Standards and Technology. FIPS PUB 197 Advanced Encryption Standard（AES）[EB/OL]. [2016-10-20]. https://nvlpubs.nist.gov/nistpubs/FIPS/NIST.FIPS.197.pdf.